U0144318

愛上雞胸肉

CHICKEN BREAST

[✗] 的 **100** 道美味提案

周維民

(小周師)

著

解決雞胸肉料理的所有難題

聽聞小周師要出書（食譜），一點都不意外，因為對身兼廚師、美食節目製作人及主持人的他來說，這是水到渠成與專業能力的展現。只是當小周師邀請我為他的書寫序時，著實讓我感到惶恐！因為我非但沒有任何料理背景，還完全零廚藝，只能勉強算是個愛吃美食的「吃貨」，何德何能來為食譜書寫序呀？但細細一想，身為小周師的好友，經常受邀品嘗他做的好料理，卻苦於無以回報；現在有機會將這位總能將料理化繁為簡，注入創意的小周師所寫的食譜推薦給更多人，不僅是為好友的廚藝作見證，若因此讓更多讀者學會健康的料理，也是好事一椿，功德一件啊！

性情開朗卻心思細膩的小周師經常喜歡一邊做菜，一邊分享他對料理的想法和創意，自然的流露出他對料理的熱愛和堅持；最令人稱道的是，他總是能用簡單易得的食材，快速變化出一道道創意又美味的佳餚；朋友們都說：由小周師掌廚的聚會，不僅是美食的饗宴，同時也是創意料理的現場教學。

小周師是一個很會替別人著想的人，他的個性完全體現在這本《愛上雞胸肉的100道美味提案》的書裡。大家都知道，雞胸肉是高蛋白質、低脂肪及低熱量的優質食物，特別是對於想要健身和減脂的人來說，是很理想的食材。但是雞胸肉在烹煮後，往往容易「乾柴」，所以很多人對雞胸肉是敬而遠之，不然就是為了健康而勉強吃它。

小周師熟知大家在料理雞胸肉時會遇到的各種問題，所以在書裡所教的雞胸肉做法不僅淺顯易懂，食材取得也很容易卻又不失變化，並且有詳細的料理步驟和重要的「小撇步」，即使你是料理新手，也完全不用擔心！相信這本食譜將會為大家解決所有雞胸肉料理的難題，對正在健身、或是喜歡健康料理的朋友來說，絕對是簡單實用，幫助你輕鬆料理的寶典。

如果你也喜歡雞胸肉，請一定要試試這本食譜。

新北市汐止國小校長

王俊杰

讓雞胸肉登上美味高峰

這書名一看就是小周師才會出的料理書，為什麼我會這麼說呢？因為除了他，誰會有勇氣去挑戰健康卻難搞的雞胸肉，還一口氣出這麼多道呢？這種事，只有那種一個人默默扛十年共2000集的美食節目，2008年金融海嘯為了救節目度過危機，燒腦燒到頭髮掉光，三年內幫廚師們出了20多本食譜書，這種偏執狂才能做出的事，他就是我光榮的戰友——小周師。

我們認識已經有15年了，主持《美食鳳味》是我人生中極美好的一段時光。原因無他，這15年節目遇到的各種風風雨雨，多半是他絞盡腦汁扛過去的，我就負責在節目中插科打諢，吃遍他設計的各種單元的各種美食。從不景氣時的《59元出好菜》，到介紹各地特色小吃的《台灣小吃自己來》，帶領觀眾了解各種青菜正確料理法的《炒菜愛注意》，以及方便上班族媽媽的《便條紙出好菜》。他總是絞盡腦汁替觀眾著想，《美食鳳味》在他的守護下，在下午四點半相對冷門的時段，經常性地創造出高水準的收視率。而我也在學中做做中學之間，不知不覺被熏陶成一個天天在廚房中樂此不疲的家庭煮婦。而他則在多年的經驗累積（以及人手不足）的情況下展開扎實卻多元的斜槓人生，從美食節目製作人一躍成為受觀眾歡迎的小周師。

他這個人事情總挑對的去做，路總是挑難的去走，遇到困境卻總能以無比的毅力想辦法逆轉勝。所以也只有他了解雞胸肉的好，幫雞胸肉找出路，以無比毅力逆轉勝讓雞胸肉登上美味高峰了。《美食鳳味》結束了，雖然不捨，但套句我最愛的電影《刺激1995》裡頭的經典台詞。

「有些鳥是關不住的，因為牠們的羽翼太耀眼了！」

我深深地祝福他放飛後的人生飛得又高又遠，完全展現他那斑斕的羽翼。
祝你新書大賣！我的朋友！

三立電視《大嫂研究所》主持人

扭轉雞胸肉的命運

從沒想過會有這一天，我們雞胸肉能抬頭挺胸站著，更沒想過被邀請幫忙寫推薦文。

早幾年前開始流行吃雞胸肉時，說是健康低脂一定要吃，那時我們好高興，想說出頭的日子總算到了。但高興沒多久，聽到的是更多的抱怨，「吼唷～雞胸肉吃得好煩喔！」「這肉硬成這樣怎麼吃啊？」「雞胸肉一定柴啦～加減吃吧！」沒止息的閒言閒語讓我們的心都冷了。

直到遇見小周師，我們才知道被呵護的感覺是什麼。從沒有人對我們會這麼好，想盡辦法幫我們找朋友找穿搭，找出路找可能，怕我們冷也怕我們熱，看到小周師專注又認真的神情，好幾次我眼淚都不爭氣的流下來。

拍照當天我們一群兄弟姊妹到了現場，看著一道道從沒見過的雞胸肉料理端上桌。工作人員一入口，讚嘆聲就此起彼落沒有停過，看他們臉上都是滿足的微笑，大家眼眶不禁紅了起來，緊握的手因激動而顫抖，這不是天堂哪裡是天堂呢！

最後僅代表所有雞胸肉，向小周師致上最高敬意，你的無邊巧思改變了所有雞胸肉的命運，這份恩情真不知該怎麼報答。真心希望這本書能大暢銷，讓小周師能買好多護髮藥來照顧頭髮，你的頭髮真為我們犧牲太多了，再次懇請大家多多支持這本好書啊！

讓雞胸肉的未來更美好

一切的開端真的是玩笑話！

三年前，某次拍攝「料理123」影片時，做了道雞胸肉料理，原本大家對於這菜沒有太多期待，拍完放著都沒人想動（真的很不給面子）。驀地一妹妹忽然大叫：「這雞胸肉未免也太好吃了吧！」這話喚起了大家的食欲，也牽起我和雞胸肉的緣分。

而後在某次影片中脫口說出，「好吧！那來出一本100道雞胸肉食譜吧！」原本只是做效果的玩笑話，但沒想到網友們當真了，且時不時就追問進度很是可愛。就算我很認真拍影片否認，還是沒人相信，既然否定不了那就讓它成真吧！雖然離當初開口已經過了三年。

本書真的花了很多心思，試圖從不同角度來幫助雞胸肉，除了熟悉的傳統粉類抓醃炸燙外，也嘗試利用因材施教、找到好朋友、換方法保護⋯⋯等不同面向切入。食譜設計上有傳統有認真，也有搞笑也有調皮，但不管怎樣都是希望雞胸肉料理端上桌時，能幫大家從家人口中聽到讚美聲。

本書沒利用任何當下時興的道具或料理技法，盡量從家中最單純的鍋具出發，希望更能適切朋友們的需要。試想如果只用一卡煎鍋，雞胸肉也能變好吃，那是多麼棒的事啊！

在此也要特別感謝經紀合作夥伴——有魚娛樂的阿志，因他相信力挺才能促成。也感謝日日幸福的總編淑娟，在百忙中聽我胡言亂語還願意接單。以及眾多幫忙試吃不同未完成版雞胸肉料理的同事朋友、親人鄰居，謝謝你們協助讓雞胸肉的未來更美好。

另特別提醒大家，照著書做真能做出美味軟嫩的雞胸肉料理，但一餐不要超過兩道，一星期不要連續超過兩天，不過如果是想要處罰人就不在此限。最後僅代表雞胸肉向大家說聲，你想吃多汁軟嫩的雞胸肉嗎？

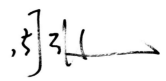

如何使用本書

How to use this book

1. 每道料理材料表中所做出來
   的份量。本書材料重量與容
   量換算表標示如下：
   1公斤＝1000g（公克）；
   1杯＝240cc；1大匙＝
   15cc；1小匙＝5cc。

2. 每道料理賞心悅
   目的完成圖。

3. 操作過程中的關
   鍵秘訣，有作者
   最貼心的小叮
   嚀。

❶ **❹**

2〜3人份

綠花椰菜嫩雞暖沙拉 [整塊雞胸肉]

材料——雞胸肉1塊・綠花椰菜1株・小番茄8顆・蒜末15g
醃料——鹽1/2小匙・黑胡椒1/2小匙・橄欖油5cc
醬汁——橄欖油15cc・檸檬汁10cc・鹽1/2小匙・黑胡椒適量 **❺**
調味料——七味辣椒粉適量

❻

1 雞胸肉加入鹽、黑胡椒、橄欖油略醃備用。

2 將綠花椰菜切小朵，去除硬皮備用。

3 取一鍋，熱鍋後放入雞胸肉，煎到稍上色。

4 放入綠花椰菜、小番茄、蒜末，用中大火將所有肉面都煎到上色後，蓋上鍋蓋，轉外圈最小火，燜煎4分鐘關火，續燜4分鐘後，打開鍋蓋並取出。

5 雞胸肉拆條備用。

6 取一玻璃碗倒入所有醬汁，放入煎好的綠花椰菜、小番茄拌勻後盛盤。 **❼**

7 放上雞胸肉，撒上七味辣椒粉即可。

Tips

綠花椰菜和雞胸肉一起燜煎，一次完成超方便，還會有迷人焦香甜美肉汁，務必要試試啊！ **❸**

---

4. 每道料理的美味名稱，讓人看了就想躍躍一試。

5. 材料一覽表，正確的份量是製作料理成功的基礎。

6. 製作分解圖，可讓您對照在操作過程中是否正確。

7. 詳細的步驟文字解說，讓您在操作過程中更容易掌握重點。

CONTENTS
目錄

2　　推薦序1：解決雞胸肉料理的所有難題

3　　推薦序2：讓雞胸肉登上美味高峰

4　　推薦序3：扭轉雞胸肉的命運

5　　作者序：讓雞胸肉的未來更美好

6　　如何使用本書

13　認識雞胸肉

15　雞胸肉基本切割法

18　本書使用食材

212　索引：本書使用食材與相關料理一覽表

Part 1
愛她，就是好好保護她

32　宮保雞丁

34　咖哩炒雞柳

36　番茄塔香炒雞丁

38　黑木耳炒雞片

40　茄汁雞肉丸

41　黑胡椒雞柳

42　雞胸肉清湯

44　韭黃炒雞絲

46　鹹酥雞

47　豆豉蒸雞胸

48　雞絲酸辣湯

50　沙茶炒雞片

52　酸辣馬鈴薯絲

54　麻婆雞丁

56　皮蛋醬嫩白肉

58　絲瓜雞肉盅

59　炸雞柳

60　皮蛋雞片粥

62　雞肉筍絲燴飯

64　和風嫩雞蒸蛋

Part 1 番外篇
加倍保護，美味加倍

68　雞肉蛋熱狗堡

69　黑胡椒嫩雞炒烏龍

70　辣醬蒸茄

72　香雞煎蛋捲

73　脆皮雞肉春捲

74　鮮味雞肉羹

75　脆皮雞肉餛飩

76　玉米雞肉鍋貼

78　咖哩雞肉水餃

80　剝皮辣椒豆皮

82　古早味洋蔥雞捲

84　雞蓉玉米粥

85　芝麻雞肉煎餅

86　果香雞肉烤柳橙

Part 2
人要因材施教，雞胸肉也是

90　雞肉暖莎莎醬（小丁）

92　起司鮮蔬雞排（大厚片）

94　香煎厚片雞肉（厚片）

95　蘆筍炒雞米（小丁）

96　雞肉滷肉飯（小丁）

98　香煎小里肌（不同規格）

99　湯泡雞胸（薄片）

100　鹹水蒸雞丁（大丁）

101　嫩煎雞胸肉溫沙拉（整塊雞胸肉）

102　黃瓜拌雞絲（整塊雞胸肉）

104　自己壓三明治（整塊雞胸肉）

106　三色丼飯（整塊雞胸肉）

108　綠花椰菜嫩雞暖沙拉（整塊雞胸肉）

110　優格雞肉蘇打餅乾（整塊雞胸肉）

112　雞絲拌米粉（整塊雞胸肉）

114　蒜香雞肉拉麵（厚片）

116　山藥起司烤蛋（肉泥）

Part 2 番外篇
交到好朋友很重要，雞胸肉也是

120　醬香雞絲冬粉

122　鮮蔬雞絲夾燒餅

124　瓠瓜煎餅

126　滑菇拌飯醬

128　豆腐嫩雞煎蛋

130　山藥雞胸肉丼

132　雞胸漢堡排

134　茄子焗烤雞胸肉

136　銀耳雞肉羹

137　芋籤嫩雞煎粿

138　起司雞肉春捲

140　蔥油餅加雞肉蛋

142　地瓜葉雞絲羹

144　馬鈴薯煮雞丁

146　南瓜雞肉咖哩飯

148　起司鮮蔬雞柳

150　番茄雞肉義大利麵

152　芋泥雞肉末

Part 3
我怕熱，雞胸肉也一樣

156 嫩雞潛艇堡
158 雞胸肉凱薩溫沙拉
160 酪梨沙拉
162 雞肉飯
164 蒸蛋佐香麻雞胸肉
166 小黃瓜沙拉船
168 三角飯糰
170 雞胸涼拌冬粉
172 泡煮嫩雞手捲
174 嫩雞鮮蔬捲
176 馬鈴薯雞肉沙拉
178 口水香雞絲
180 香麻手撕雞
182 水煮蛋沙拉
184 黑胡椒番茄蒸雞
185 雞胸肉蒸蛋白

186 五花肉捲小里肌
188 高麗菜捲
190 蒜香奶油高麗菜捲
192 山藥雞肉煎蛋
194 番茄雞肉盅
195 絲瓜清燴雞胸肉
196 歐姆風嫩雞滑蛋
198 香蒜油炒雞絲
199 香煎鹹蛋糕
200 清蒸白菜雞胸肉
202 絲瓜雞肉燉飯
204 香煎雞片豆腐
206 台式酒蒸蛤蜊
208 雞絲炒飯
210 脆香雞肉茶泡飯

認識雞胸肉

雞胸肉

　　這是目前很受歡迎但卻也讓人傷腦筋的部位，就是去掉胸骨與小里肌部位後所剩下的清肉。台灣小吃常見的雞肉飯、鹽酥雞、烤雞肉串等都是利用這部位喔！不過加熱處理時如果沒控制好，肉質很容易乾柴喔！

　　這部位因脂肪含量非常低，所以熱量很低，因筋膜組織很少、所以肉質很細嫩，且本身肌肉組織比較短，所以水分很容易在加熱過程中流失。如果加熱溫度及時間沒控制好容易吃起來偏澀偏柴。不過還沒烹煮前組織很軟嫩，能輕易分切成希望的規格，適用於各種料理方式。

　　一般超市購買到的真空包裝多為肉雞胸肉，顏色略帶淺淺粉紅、肉質細軟，若處理得宜口感會非常軟嫩。而在傳統市場肉攤購得多為土雞胸肉，顏色略為淡淡酒紅帶淺粉色，肉身較圓扁些，口感比肉雞胸肉稍硬些但甜度更高，經過適當烹煮一樣可以嫩又好吃。

　　因雞隻養殖環境及飼料使用上不盡相同，所以挑選時主要可從觸感及氣味這兩部分來注意。新鮮胸肉摸起來帶有水嫩滑感，若是鮮度不足則會產生黏滑手感，若聞起來會帶有類似雞蛋發臭的味道則要避免食用喔！

小里肌肉

若用豬肉來比喻，這部位可說是雞的腰內肉。位於雞胸肉和軟骨之間，被完全保護的部位，也因此肉質更是軟嫩細緻，甚至用手就能輕易撕開。

新鮮小里肌肉帶有淡淡粉紅肉色，外表平滑有光澤，且因無血管組織分布，所以聞起來很清雅沒有明顯肉味，加上質地細嫩很適合長輩兒童食用。

唯一要注意的是，因小里肌肉與軟骨有一筋膜相連，食用前建議用刀背先將筋膜拉除，這樣一來不但口感會更好，烹煮熟成後肉也不易變形。

小里肌肉與雞胸肉一樣，肌肉組織較短容易流失水分，建議一次採買需要食用量，短期內食用完畢，較能吃到鮮嫩滋味。雖可利用冷凍保存，但肉汁甜分易於退冰時流失會比較可惜喔。

雞骨架

雞隻在取下主要部位後，剩下的就稱為雞骨架。骨架上還會有些許雞肉、雞皮、脂肪、結締組織等，一般來說價格很親民，多應用於熬湯，能煮出帶有清雅香氣的高湯。

雞骨架挑選方式和雞胸肉一樣，以觸感、氣味這兩部分來判斷。在超市購得多為肉雞骨架，在傳統肉攤購得則多為土雞骨架，後者比前者體積大些，不過兩種價格都不貴，也都能煮出好湯底。

唯要注意的是，雞骨架在熬湯前一定要清理乾淨，尤其是腹內部位，因多與臟器連接，有時還會有殘留內臟及血污，可用流水清洗再行摘除即可。另若希望高湯更清澈些，則可把雞皮及殘留黃色脂肪摘除。

熬湯前建議先用滾水燙煮過，或是用烤箱、氣炸鍋等，加熱到表面金黃焦香再煮，抑或是直接先用鍋子煎到表面焦香再熬湯都可以喔。

雞肉基本切割法

本單元將示範整付雞胸肉、雞胸肉、小里肌、雞胸骨架的基本切割處理法。

美味的料理除了色、香、味俱全外，刀工也是非常重要。刀工的好壞會影響到肉類是否清理乾淨、食材入味與否，也會影響到口感和視覺效果。

一、整付雞胸肉切割處理

1　整付雞胸清洗乾淨。

4　再往下是扁平的雞肋骨架，一樣利用刀尖貼著骨架切開。

7　邊劃邊往下拉，至胸骨與胸肉連結的軟骨處，然後換另一邊。

2　脖子下方有三叉骨，利用刀尖順骨頭往下劃開。

5　同時用手把胸肉從骨架上拉開。

8　一樣從三叉骨處下刀。

3　刀尖盡量貼著骨邊順勢切開。

6　把骨架上的胸肉整片取下。

9　利用刀尖順著三叉骨將胸肉劃開。

10 同時用手將胸肉撥離骨架。

11 在順三角骨下方扁平胸骨架往下劃開。

12 邊劃邊用手將胸肉撥至胸骨與胸肉連結的軟骨處。

13 將連結處的軟骨切斷,一定要用切的,用拉的胸肉會破損不完整。

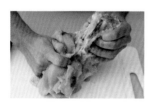

14 將整付胸肉貼著骨架拉開。

15 盡量貼著骨架胸肉才會完整。

16 利用刀背順著骨頭將胸肉撥開。

17 用手指貼著骨架盡量完整取下胸肉。

18 繼續拉至雞肋軟骨處。

19 胸肉與軟骨最後連結處用力拉開。

20 胸肉完整取下。

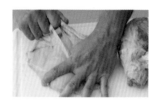

21 雞皮反向往後拉就可整片取下。

22 不易拉開的部分也可用刀切開。

23 完整取下的胸肉、胸骨架、雞皮。

二、雞胸肉切割處理

斷筋 用刀背將雞胸肉交叉拍鬆並可去除肉筋，可讓肉片變柔軟。

切片 視烹調需求，以逆肌紋切割成0.5～4cm不等的厚度。

切丁 將雞胸肉切成2cm見方大小的肉塊。

對半橫切 用刀子將雞胸肉對半橫切後即可切片、丁、塊等。

切厚片 視烹調需求，以逆肌紋切割成4cm以上不等的厚度。

切條 先以逆肌紋切割成肉片，再切成條狀。

戳鬆 用叉子將雞胸肉戳鬆後即可切片、丁、塊等。

切塊 可視烹調需要，切成約5cm見方大小的肉塊。

切末 將雞胸肉切小丁後，用刀背剁成末泥。

三、小里肌切割處理

去筋 有些部位因筋膜組織較多，需先去除，用刀背將小里肌筋拉除即可切片、丁、塊等。

四、雞胸骨架切割處理

用剪刀將雞胸骨架中間剪開，再用手攤平後即可作為煮雞高湯的食材。

本書使用食材

肉類

雞胸肉

富含鉀、鎂、鐵、鋅、菸鹼素、優質蛋白質、維生素B6、維生素B12等營養成分。雞的胸部肌肉，表皮脂肪豐富，運動量較大，肌肉結實而較少結締組織，是雞肉中蛋白質含量較多的部位。適合較短時間或低溫烹調料理方式，因為當肉質不含表皮時，它的含脂肪量變得相當少，使得料理後口感較容易乾柴，不適合烹調過熟。市面上販售的雞胸肉含帶皮及不帶皮兩種，帶皮雞胸肉又稱帶皮清肉，可視料理需求選購。

小里肌

富含鉀、鐵、鋅、蛋白質、菸鹼酸等營養成分。小里肌肉是雞軟骨兩側的長形肉片，脂肪含量少，但是蛋白質含量相當高，風味極淡。因為肉質相當軟嫩，亦適合做成前菜冷盤、沙拉等，只要稍微燙過，淋上醬汁即可食用。

德國香腸

用絞碎的豬肉或牛肉等製作而成，外皮是用豬、羊的腸子或人工製作可食用的腸衣。製作的方法有煙燻、風乾醃製、鹽漬等。

雞胸骨架

富含鉀、鈣、維生素B6、維生素B12、優質蛋白質等營養成分。雞隻去除主要肉與脂肪之後所得到的副產品，屬骨骼的部分，包含軀幹與四肢的骨頭，不包含頭骨與脖子。料理上以燉煮湯或熬煮成雞高湯。

火鍋五花肉片

富含優質蛋白質、鋅、菸鹼素、鐵、維生素B1、維生素B6、維生素B12等營養成分。具有豐富油脂，由表皮到瘦肉間夾帶白色油脂，肉質較為嫩彈，適合各種料理方式。

培根

富含鉀、鐵、鋅、維生素B6、維生素B12、菸鹼素、優質蛋白質等營養成分。位於動物的腹部的肉，瘦肉中帶有油脂，口感特別油潤。

豬絞肉

富含鉀、鐵、鋅、菸鹼素、維生素B1、維生素B6、維生素B12、優質蛋白質等營養成分。豬肉去除外皮與骨頭後，使用絞肉機器或以刀切割而得到的碎肉。

海味

花枝漿

花枝富含鋅、牛磺酸、蛋白質、維生素B12等營養成分。身形較圓胖於其他頭足類動物，背部佈滿條紋，低熱量，高蛋白，飽和脂肪極低，不易造成血中膽固醇增加。花枝除了新鮮食用外，也會用來製作成花枝丸使用。

蛤蜊

富含高鈣、高鐵、鉀、鎂、維生素B2、維生素B12、蛋白質等營養成分。挑選時可將蛤蜊互敲，有清脆聲音者較為新鮮。料理前，要浸泡在清水裡，並加入少許鹽讓蛤蜊吐沙後再料理。

金鉤蝦

富含鈣、鐵、磷、鋅、蛋白質、維生素A、維生素B等營養成分。可以降低膽固醇、保護心血管系統、防止動脈硬化、強化心臟、增強免疫力、預防老年人的骨質疏鬆症發生。

蔬果類

包心白菜

富含鎂、鉀、膳食纖維、維生素C等營養成分。具有清熱退火、預防感冒、消除疲勞、降低體內膽固醇、降低血壓、消除身體浮腫、促進心臟、血管功能正常、促進腸胃蠕動、幫助體內消化、排毒等。

美生菜

富含有膳食纖維、維他命、β-胡蘿蔔素、鐵等營養成分。礦物質水感十足、熱量低。預防肝癌、胃癌、鎮靜、安眠的功效等。又稱「西生菜」、「萵苣」

綠花椰菜

富含維生素B1、維生素B2、維生素C等營養成分。能預防感冒、提高免疫力、消除疲勞、促進消化、改善口角炎等症狀。花椰菜屬於十字花科甘藍類，白色的稱為「白花椰菜」，深綠色的稱為「綠花椰菜」或「青花菜」。

小番茄、牛番茄

番茄熱量低，所含茄紅素量是所有蔬果中最高，能補足體內維生素C的需求量。茄紅素是最好的抗氧化劑，有助於延緩老化；葉酸則有助於維持皮膚健康；而類胡蘿蔔素、維生素C可預防血管老化。本書中有用到小番茄、牛番茄。

高麗菜

富含維生素B2、維生素C、鈣、鉀、鎂、錳、礦物質等營養成分。能預防骨質疏鬆、動脈硬化、健胃等功效。又稱為「甘藍菜」。

地瓜葉

富含鉀、鈣、鎂、胡蘿蔔素、維生素A、維生素C、菸鹼酸等營養成分。可以改善皮膚粗糙、保護黏膜組織避免受到感染、促進心臟、心血管健康、血管等。

芹菜

富含、鈣、磷、鐵、鈉、膳食纖維、碳水化合物、胡蘿蔔素、維生素B等營養成分。對預防高血壓、動脈硬化等都非常有助益，並有輔助治療作用。

韭黃

富含膳食纖維等營養成分。可促進排便、保護眼睛、增君人體免疫力等功效。其味道有些辛辣，可促進食慾。從中醫理論講，韭黃具有提神。保暖、健胃、調養產後婦女流失的養分、改善生理不適等功效。

綠蘆筍

蘆筍為適合春天栽種和生產的多年生草本植物，經過陽光照射後即變成綠色蘆筍。白蘆筍則是遮蔽讓其不照射陽光或掩埋在土中所長成。熱炒大部分較常使用綠蘆筍一起烹調。涼拌或沙拉菜通常會使用白蘆筍當配料。

玉米筍

含有粗蛋白鈉、鉀、鈣、鎂、磷、鐵、銅、碳水化合物、膳食纖維、維生素A、維生素C、水解胺基酸等營養成分。口感甜脆，一般用來做沙拉、炒、烤、煮湯等。也能加工製成冷凍、罐頭食品等。

四季豆

四季皆有生長，富含鐵、鎂、鈣、磷、水溶性膳食纖維、維生素C等營養成分。可促進腸胃蠕動、造血功能，有助於改善貧血症狀。

洋蔥

富含鉀、鈣、鐵、膳食纖維、粗纖維、維生素A、維生素C等營養成分。營養價值很高，是預防骨質疏鬆的強效蔬菜、降低膽固醇。有「蔬菜皇后」美稱。

玉米

含有粗蛋白、鈉、鉀、鈣、鎂、磷、碳水化合物、膳食纖維、維生素A、維生素C、菸鹼素、水解胺基酸等營養成分。部分品種可以生食，另外乾燥後可延長其保存期限。此外也用於加工製作成罐頭玉米粒、玉米片、玉米澱粉等食品。

紅蘿蔔

富含有豐富的維生素、食物纖維、β-胡蘿蔔素等營養成分。可以改善眼睛疲勞、皮膚乾燥症狀、預防貧血。又稱為「小人參」。

小黃瓜

能生津解渴、降暑氣、清熱，調節膽固醇。水分多、熱量低、抗氧化，具有排除水分的利尿等功效等。

瓠瓜

富含鈣、磷、鐵、醣類、維生素C等營養成分。能強健骨骼及牙齒，尤其正值發育的幼童，最適合食用。成年人常吃，不僅可以健骨保齒，也能補充體力。又稱為「蒲瓜」。

日本山藥

富含維生素B群、蛋白質、鈣、鐵、鋅、磷等營養成分。新鮮的山藥有黏黏的液質，含有消化酵素、醣蛋白質，能滋補身體並促進消化。在台灣常見的品種有台灣山藥和日本山藥。

甜椒

富含β-胡蘿蔔素、辣椒素、維生素C、維生素K、微量元素等營養成分。有抗氧化及抗癌作用、促進脂肪的新陳代謝、降低體脂肪、幫助消化的效果、保護眼睛、增強抵抗力的功能。

絲瓜

富含鈣、磷、鐵、礦物質、糖、檸檬酸、維生素A、B群、維生素C營養成分。瓜肉清甜，是夏季極佳的消暑蔬菜。

南瓜

富含維生素C、維生素E、β-胡蘿蔔素等營養成分。又稱為「金瓜」。具有抗氧化力、可抑制癌細胞生長、熱量低、水分多。

茭白筍

富含鈣、磷、鐵、維生素A、維生素B1、維生素B2、維生素C等營養成分。可以預防骨質疏鬆、延緩骨質老、保持骨骼健康等功效。

綠櫛瓜

又稱為「筍瓜」、「夏南瓜」，外皮多為綠色和黃色，花莖的部分也可以食用，盛產季節為夏季。無論是炒、煎、煮和其他蔬菜一起烹調，其味道皆美味。

地瓜

富含鈣、鈉、磷、鐵、醣類、膳食纖維、β-胡蘿蔔素、維生素B1、維生素B2、維生素C等營養成分。能減少皮下脂肪、抗發炎、防止動脈硬化等。

芋頭

富含鉀、鎂、鐵、鈣、磷、維生素B1、蛋白質、醣類、膳食纖維、維生素B2、維生素C等營養成分。膳食纖維能幫助消化系統正常運作、容易產生飽足感，也可同時攝取足夠的營養素。

黑木耳

黑木耳含有豐富的植物性蛋白、纖維素等營養成分。黑木耳含有豐富膠質使得熬煮後的木耳露濃稠滑口，因此又稱為「植物性燕窩」。可有效降低血中的膽固醇、三酸甘油脂、有助於排便、清腸道頗有幫助等功效。

白木耳

富含有蛋白質、多種胺基酸、維生素B群、鈣、鉀、磷等多種礦物質，銀耳含有多醣體、膠質、膳食纖維等營養成分。有助於減肥、胃腸蠕動，減少脂肪吸收、長生不老良藥、延年益壽等功效。又稱為「銀耳」。

馬鈴薯

富含鈣、鐵、鋅、鎂、澱粉質、蛋白質、醣類、維生素B、維生素B1、維生素C等營養成分。馬鈴薯中的纖維素較細緻，不會刺激胃腸的黏膜，是很好的制酸劑。可以維持血管彈性、降血壓、預防腦血管破裂的危險發生。又稱「洋芋」，在歐洲被稱為「大地的蘋果」。

金針菇

富含鐵、鈣、鎂、鉀、蛋白質、醣類、菸鹼酸、膳食纖維、維生素B1、維生素B2等營養成分。可以提升人體免疫力、幫助孩子生長發育、增強腦記憶力、改善面皰、濕疹肌膚等狀況等功效。

鮮香菇

富含多種維生素、低熱量、高蛋白、低脂肪、膳食纖維等營養成分，可增強人體免疫力、幫助鈣質吸收、預防骨質疏鬆、強健骨骼發育、排出多餘的膽固醇、鎮定神經、改善失眠。

茄子

富含鈣、鉀、維生素B1、維生素B2、維生素C、維生素P、β-胡蘿蔔素、碳水化合物、礦物質磷、膽鹼、葫蘆巴鹼、水蘇鹼、龍葵鹼與少量蛋白質等營養成分，而且有豐富的植化素。

柳橙

富含鈉、鉀、鈣、鎂、磷、銅、維生素A、維生素C、碳水化合物、膳食纖維等營養成分。為柑橘類水果之一，適合生長於水、陽光分充足的環境中，全世界有多項品種。

酪梨

富含植物性脂肪、礦物質、維生素、蛋白質等營養成分。可以降低患心血管疾病、滋潤肌膚、淡化細紋、保濕的效果。酪梨成熟後果肉柔軟滑順，適合調製為飲品、醬料、沙拉配料等。

奇異果

含有鈉、鉀、鈣、鎂、磷、維生素C、維生素E、粗蛋白、碳水化合物、膳食纖維等營養成分。可以養顏美容、增強免疫力、降低膽固醇、抗老等。

檸檬

富含維生素C等營養成分，附有香氣，不管是汁或皮都可以使用，加入料理中，可以增加香氣美味。檸檬外觀呈現長橢圓形狀，皮較萊姆厚，有籽，果肉偏淺黃色，台灣大多偏好綠檸檬，反之歐美都以黃檸檬為主。

蘋果

富含鐵、磷、鉀、鎂、硒、檸檬酸、蘋果酸、微量維生素A、維生素B群、維生素C、膳食纖維、醣類等營養成分。其膳食纖維能促進腸胃蠕動、降低大腸癌發生機率、促進體內過剩的鈉排出，有益於高血壓患者。

香草與香料

迷迭香

在歐美國家常用來和紅肉類一起料理和烹調。葉片細小狹長狀，像松針，味道清新伴有強烈的刺激風味。

蒜頭

富含大量的維生素C、大蒜素營養成分。具抗氧化、殺菌作用、提高免疫力、促進血液循環、安定神經。

月桂葉

為歐式料理中熬煮醬汁與湯品的時候，是不可或缺的增加香味的食材，它也可以去除不必要的魚類、肉類的腥味，並能襯托出食材本身的鮮美味。

辣椒

可促進腸胃蠕動、祛寒健胃、加速血液循環。要挑選新鮮的辣椒，表皮光滑不皺、硬而不軟。如果購買後沒有立即使用完畢，則應裝密封袋放進冰箱保存。

香菜

富含鈣、鐵、磷、鎂、蘋果酸、鉀、維生素B1、維生素B2、維生素C、β-胡蘿蔔素等營養成分。有利尿通便、發汗透疹、驅風解毒、健胃消食等功效。

九層塔

是台灣常見香草，常取其嫩葉入料理中，具有濃郁的茴香氣味，對料理有畫龍點睛的提味作用。常用在鹹酥雞或羹中。

薑

一般又分為老薑和嫩薑，是很好的去腥食材，常用於醃漬或爆香。具有溫熱的效果、促進血液循環、幫助消化、增強食欲。

蔥

富含鈣、膳食纖維、維生素C、β-胡蘿蔔素等營養成分。有強化血液循環、防止動脈硬化、提升免疫力等功效。蔥不僅能做為香料調味品，也用來增色、增香，或當成蔬菜食用。

蛋與豆製品

雞蛋

富含卵磷脂、維生素A、維生素B、蛋白質等營養成分。營養價值高，料理方式千變萬化，不管是中式料理、日式料理、西式料理或烘焙都會使用到的食材，也是冰箱中必備食材之一。

皮蛋

用雞蛋或鴨蛋製作而成的加工食品。製作方法，用輕鹼的化學物質混合石灰泥、米糠包裹在蛋外面，放置陰涼處三個月以上，蛋內部即會產生變化，蛋清凝結為膠凍狀和變成半透明黑色。料理中最常見是皮蛋瘦肉粥、皮蛋拌豆腐等。

豆皮

是豆皮、醬油、糖、味醂等材料一起滷煮製作出來，豆皮吸收滿滿的醬汁，吃起來有嚼勁、柔潤、並散發出豆香甜的嫩味。

嫩豆腐

富含鈣、蛋白質、維生素E、卵磷脂等營養成分。豆腐的營養價值高，熱量低，很適合想減重的人食用。不含膽固醇、脂肪的大豆蛋白，有助於降低心血管疾病、抗老、預防老年癡呆症等功效。

生豆包

是由煮沸的豆漿，經放置一段時間後，於表面形成的蛋白質所凝結，而成薄膜，以人工方式，撈起豆皮並折疊製作而成。

板豆腐

板豆腐是由人工製作而成，口感較為粗糙，但因為沒有添加任何的防腐劑，較不容易長時間保存，所以要盡快食用。可以至台灣傳統市場、大型超市等購買得到。

米、麵主食

烏龍麵

是由小麥粉、麵粉、鹽等材料製作而成。在日本最著名的是在四國香川縣、群馬縣。日本的烏龍麵到處都有,相當受大家的喜愛。

越南春捲皮

用糯米等食材製作而成,皮潔白透明、皮薄。越南料理常會用的食材之一。如果不想自己做,可以到超市也可以買到進口的越南春捲皮。

冬粉

以綠豆為原料的冬粉,綠豆中的直鏈澱粉最多,適合長時間烹調,而口感佳、質地爽口,能做多種中西料理。

天使細麵

在乾燥義大利麵中是直徑最纖細,在夏季時,可用來做冷麵,再搭配清淡的醬汁一起吃很對味。

台式春捲皮

用麵粉、鹽、水混合拌勻成團後,用擀麵棍,再擀成麵薄麵皮,再煎熟即為春捲皮。如果不想自己做,可以到傳統市場也可以買到現成春捲皮。

乾米粉

由米所製作成,台灣新竹出產的米粉最聞名。米粉煮前先用冷水浸泡至軟,再放入烹調好的料理中,才不會將湯汁吸乾。濕的米粉用來煮湯最美味;乾燥的米粉適合用來炒。

其他

牛肉乾

富含優質蛋白質、鐵、鉀、鋅、菸鹼素、維生素B6、維生素B12等營養成分。是由牛肉經加工乾燥後而成，這樣可以延長保存。

枸杞

富含鈣、鐵、磷、β-胡蘿蔔素等營養成分。有助於降低心脂、血壓、血糖等疾病，也可以明目、內熱消渴等功效。

乾香菇

富含多種維生素、低熱量、高蛋白、低脂肪、膳食纖維等營養成分，可增強人體免疫力、幫助鈣質吸收、預防骨質疏鬆、強健骨骼發育、排出多餘的膽固醇、鎮定神經、改善失眠。新鮮香菇經加工製作，即是大家常用的乾燥香菇。

花生

富含蛋白質、纖維質、多酚類、豐富的脂肪營養成分。有補血、改善貧血症狀等功效。可直接食用或加入料理中，或是提提煉食用花生油等。

剝皮辣椒

可促進腸胃蠕動、加速血液循環、祛寒健胃功效。剝皮辣椒大多加工作醃漬物，開封後，請用乾的筷子來夾取，避免沾到水分，使用完畢放進冰箱保存。

冬菜

東方傳統醃菜之一，用大白菜、鹽、蒜等材料製作而成的醃漬物。可以長時間保存和隨時取用很方便。

蒜頭酥

挑選市售蒜頭酥時，必須以產品本身外包裝無破損、顏色呈現金黃色、觸摸起來酥硬為佳。建議採購新鮮蒜頭，切碎後再油炸，這樣的蒜頭酥香氣、外觀都優於市售產品。

油蔥酥

是台灣小吃幾乎都會使用到，在挑選的時候，請注意產品本身外包裝是否有不完整或破裂等。紅蔥頭是切片後油炸製作而成，炸後要小心保存避免放在潮濕的地方。

吐司片

由麵粉、蛋白、酵母、鹽、糖製作而成。做點心時可以有多種變化，可以做成三明治等。

優格

由牛奶經乳酸菌發酵而產生，乳製品的一種，口感濃稠，需要放入冰箱冷藏保存。

罐頭肉醬

富含優質蛋白質、鋅、菸鹼素、鐵、維生素B1、維生素B6、維生素B12等營養成分。為了延長保存也會加工製作成罐頭肉醬。

海苔

海苔採收後經過加工製作，如薄紙般的整張海苔片。海苔常見有兩種，一種是調味海苔可以當作零食食用，另一種是未經調味的原味海苔，可以拿來做成包捲壽司飯等。

罐頭玉米粒

含有粗蛋白、鈉、鉀、鈣、鎂、磷、碳水化合物、膳食纖維、維生素A、維生素C、菸鹼素、水解胺基酸等營養成分。為了延長保存也會加工製作成罐頭玉米粒。

罐頭鮪魚

富含鉀、鐵、維生素B6、維生素B12蛋白質、DHA、EPA、牛磺酸、菸鹼酸等營養成分。可以幫助降低膽固醇、預防心血管疾病發生、預防貧血、防止老化。為了延長保存也會加工製作成罐頭鮪魚。

魷魚絲

富含維生素B12、鋅、牛磺酸、蛋白質、不飽和脂肪酸等營養成分。可以降低膽固醇、緩解疲勞、預防心血管疾病、預防老年癡呆症、可預防貧血。魷魚經加工製作乾燥而成。

柴魚片

鰹魚乾刨成薄片，用柴魚片、水所熬煮製作而成，常製作成高湯或做醬汁類，日本料理、台式料理常會用到。

Part 1
愛她，就是好好保護她

雞胸肉是好肉，低脂、低膽固醇、高蛋白，很符合現代人對
於健康的期待。就是因為如此，我們才要好好保護她；因為
不保護她，她真的會變壞！（就是變不好吃啦！ㄟㄟ）

保護雞胸肉的技巧有很多，當中翹楚首推中餐料理，中餐有
很多經典的雞胸料理讓人驚艷。還記得我小時候在餐廳吃到
軟嫩香滑雞胸肉的當下，眼睛閃閃發光嘴角很燙，卻還扒不
停的感動。中餐料理的雞胸肉真的是一絕，不管是炸、炒、
燒、煮，都能讓容易乾柴的雞胸肉嫩口不已。

不過這些做法不外乎較頻繁使用澱粉來保護雞胸肉，鑑於現
今健康意識抬頭，本篇做法比例已有減少用量，但一樣讓雞
胸肉嫩甜味美。若還是擔心的朋友，Part1可以跳過不要
看，從Part1番外篇開始看起即可。

不過還是建議看一下啦！因為真的很好吃啦！ㄟㄟ

宮保雞丁

4人份

材料——雞胸肉2塊・乾辣椒10g・蔥2支（切段）・蒜末10g・花椒粒5g・
　　　　蒜味花生30g
醃料——雞蛋1/2個・醬油1.5小匙・米酒1小匙・太白粉1小匙
調味料—糖1小匙・醬油1.5大匙・米酒1大匙・白醋1/2大匙・
　　　　番茄醬1/3大匙・太白粉水1大匙・香油1/2大匙

1 雞胸肉用叉子均勻戳過。

2 切成塊備用。

3 雞蛋打勻成蛋液。

4 取一玻璃碗，放入雞胸肉，再倒入蛋液，加入其他醃料拌勻。

5 另取一玻璃碗，加入所有調味料拌勻。

6 鍋子倒入油，熱至140°C後，放入雞胸肉炸至熟香，撈出瀝乾備用。

7 用同上鍋，用餘油爆香乾辣椒、蔥段、蒜末，再加入花椒粒炒香。

8 再放入雞胸肉、做法5調好的醬汁快速拌炒均勻。

9 最後放入蒜味花生炒勻即可。

Tips

雞胸肉和雞蛋都屬動物性蛋白質，混勻再加熱後可形成保護膜，讓雞胸肉水分不流失炒起來更好吃。

2〜3 人份

咖哩炒雞柳

材料——雞胸肉1塊・洋蔥絲100g・蒜末20g・蔥花15g・辣椒1根（切斜片）
醃料——鹽少許・白胡椒粉少許・玉米粉1小匙
調味料—咖哩粉1大匙・水200cc・鹽1小匙・糖1/2小匙

1 雞胸肉切條後，放入玻璃碗中，加入所有醃料拌勻備用。

2 取一鍋，熱鍋後倒入油，放入洋蔥絲炒到香微金黃。

3 加入咖哩粉炒香。

4 倒入水，蓋上鍋蓋，燒煮約3分鐘。

5 打開鍋蓋，再加入鹽、糖煮勻。

6 放入雞胸肉，炒煮到肉色變白肉變緊實帶彈性後關火。

7 最後撒入蒜末、蔥花、辣椒片稍炒勻即可。

Tips

所有醬料都煮好後，才放入雞胸肉，
這樣才好控制肉的熟度。

番茄塔香炒雞丁

2～3
人份

材料——雞胸肉1塊・薑末10g・蒜末20g・小番茄10顆（切丁）・
　　　　九層塔10g・辣椒末5g
調味料—白胡椒粉少許・鹽適量・太白粉少許・米酒適量・水30cc・
　　　　魚露2大匙・醬油1大匙・米酒30cc・糖1大匙・檸檬汁10cc

1 雞胸肉切小丁，放入玻璃碗中。

2 加入白胡椒粉、鹽、太白粉、米酒略醃備用。

3 取一鍋，熱鍋後倒入少許油，放入薑末、蒜末、小番茄丁炒香。

4 倒入水，蓋上鍋蓋，燜煮3分鐘。

5 打開鍋蓋，再倒入魚露、醬油、米酒、糖煮勻。

6 放入雞胸肉。

7 用大火炒至肉色變白收汁。

8 最後放入九層塔、辣椒末、檸檬汁炒勻即可。

Tips

大火快炒讓雞胸肉快速熟成，縮短受熱時間就會嫩又好吃。

黑木耳炒雞片

2~3人份

材料——新鮮黑木耳75g・枸杞少許・雞胸肉1塊・薑片20g
醃料——鹽少許・白胡椒粉少許・太白粉1/2小匙
調味料—鹽1/2小匙・白胡椒粉適量・米酒15cc

1 新鮮黑木耳洗淨，撕成片；枸杞用米酒（份量外）泡軟；雞胸肉切片。

2 雞胸肉放入玻璃碗中，加入所有醃料拌勻。

3 取一鍋，倒入水煮滾後，放入雞胸肉燙煮至肉色變白，撈起備用。

4 另取一鍋，熱鍋後倒入油，加入薑片，煸到薑片微金黃。

5 放入新鮮黑木耳片略炒。

6 再加入做法3的雞胸肉炒勻。

7 最後加入所有調味料與枸杞炒勻即可。

Tips

滾水下鍋，太白粉會迅速形成保護膜，保水保濕保證好吃。

茄汁雞肉丸

（4～6人份）

材料——雞胸肉2塊・雞蛋1個・
　　　　板豆腐1塊・洋蔥丁100g・
　　　　番茄汁3瓶（1瓶330cc）・香菜5g
調味料——太白粉1大匙・米酒2大匙・
　　　　鹽1小匙・糖1/2小匙・
　　　　義式綜合香料1小匙

1 雞胸肉切塊。

2 取一食物調理機，放入雞
胸肉、雞蛋、板豆腐與所
有調味料，均勻打成泥，
用湯匙塑成丸狀備用。

3 取一鍋，熱鍋後倒入油，
放入洋蔥丁炒香。

4 倒入番茄汁，煮至微滾。

5 放入已取適量雞胸肉泥丸
狀，蓋上鍋蓋，用小火煮
約8分鐘，再打開鍋蓋，
撒上香菜即可。

Tips

板豆腐水分含量高，
攪打後質地細緻，可
以增加雞胸肉嫩度。

黑胡椒雞柳

2～3 人份

材料——雞胸肉1塊・洋蔥絲75g・
　　　香菇5朵（切片）蒜末15g・
　　　辣椒1根（切片）
醃料——蒜末5g・醬油5cc・
　　　太白粉1/2小匙・糖少許
調味料—A.黑胡椒5g・奶油10g・烏醋適量
　　　B.糖1/2小匙・米酒2大匙・
　　　番茄醬1/2大匙・水100cc・
　　　蠔油1大匙

1 雞胸肉切片，放入玻璃碗中，再加入所有醃料拌勻備用。

2 取一鍋，倒入水煮滾後，放入雞胸肉燙煮至熟撈起備用。

3 另取一鍋，熱鍋後倒入油，放入洋蔥絲、香菇片炒香。

4 再加入一半的黑胡椒炒香。

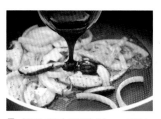

5 倒入所有調味料B，蓋上鍋蓋，煮約2分鐘。

6 打開鍋蓋，放入蒜末、奶油、雞胸肉、辣椒片、烏醋與剩下的黑胡椒炒拌勻即可。

Tips

黑胡椒熱炒煮出辣韻，最後下鍋增香氣，分段使用會更美味。

4人份

雞胸肉清湯

材料——雞胸肉1塊‧雞胸骨架1付‧花椒粒少許‧薑絲15g‧九層塔5g
醃料——鹽少許‧白胡椒粉少許‧太白粉1/2小匙‧米酒10cc‧水15cc
調味料—鹽1小匙‧米酒1大匙

1 雞胸肉切片後，放入玻璃碗中，加入所有醃料拌勻備用。

2 用剪刀將雞胸骨架剪開。

3 取一鍋，倒入水煮滾後，放入雞胸肉燙煮至熟，撈起備用。

4 取一鍋，熱鍋後放入雞胸骨架攤平，用中火煎至表面金黃焦香。

5 倒入水，放入花椒粒，用中火煮約8分鐘後關火。

6 將雞胸骨架、花椒粒撈除。

7 再放入雞胸肉、鹽、米酒稍煮。

8 最後放入薑絲、九層塔即可。

Tips

雞骨架先煎到焦香再加水煮高湯，香氣韻味都加倍喔。

2～3 人份

韭黃炒雞絲

材料——韭黃100g・雞胸肉1塊・茭白筍絲75g・辣椒1根（切絲）
醃料——醬油5cc・鹽少許・白胡椒粉少許・太白粉1/2小匙・水20cc・
　　　　香油10cc
調味料——米酒20cc・鹽1/2小匙・白胡椒粉1/2小匙

1 韭黃洗淨，切適口段狀。

2 雞胸肉切條，放入玻璃碗中，加入所有醃料拌勻後（香油除外），再倒入香油拌勻備用。

3 取一鍋，熱鍋後，放入2大匙油燒熱，再加入雞胸肉，快速炒勻至變色。

4 等雞胸肉變色後撈起備用。

5 同鍋，放入茭白筍絲炒香至上色。

6 再放入韭黃、雞胸肉、米酒炒至韭黃微軟。

7 最後放入辣椒絲、鹽、白胡椒粉炒勻即可。

 Tips

茭白筍清甜脆口，搭配一起炒煮，口感風味都會更有層次、更好吃。

鹹酥雞

4人份

材料——雞胸肉2塊・雞蛋1/2個・
　　　蒜末20g・地瓜粉適量・
　　　九層塔10g・椒鹽粉適量
醃料——糖15g・醬油膏10g・香油10cc・
　　　米酒20cc・五香粉3g・水50cc

1 用刀背將雞胸肉交叉拍
鬆，再切塊。

2 取一玻璃碗，放入雞胸
肉、所有醃料、蛋液、蒜
末拌勻，拌至醬汁吸乾。

3 用地瓜粉將雞胸肉裹勻備
用。

4 鍋子倒入油熱至160°C，
放入裹好粉的雞胸肉炸熟
後撈起。

5 同鍋，放入九層塔炸香取
出。鹹酥雞中撒入炸香的
九層塔、椒鹽粉即可。

Tips

雞胸肉裹地瓜粉後，要馬上放入油鍋中炸，才可以炸出顆粒酥脆的口感。

豆豉蒸雞胸

4～6 人份

材料——雞胸肉2塊・玉米筍5根・
　　　紅辣椒1根（切圈）・
　　　綠辣椒1根（切圈）・蒜末15g・
　　　豆豉5g・香菜5g
調味料—蠔油2大匙・米酒20cc・
　　　糖1小匙・地瓜粉1大匙

1 將雞胸肉用叉子戳鬆後，切塊；玉米筍一開三備用。

2 取一玻璃碗，放入雞胸肉，倒入蠔油、米酒、糖拌均勻。

3 再加入地瓜粉拌勻略微靜置10分鐘後，倒入蒸盤中。

4 放入紅綠辣椒圈、蒜末、豆豉。

5 再鋪上玉米筍後，再放進電鍋中蒸約8分鐘。

6 取出後撒上香菜即可。

Tips

雞胸肉用叉子戳鬆優點多多，煮熟後更好入口，不易變形還更好入味。

雞絲酸辣湯

材料——雞胸肉1塊・紅蘿蔔絲30g・新鮮黑木耳絲20g・魷魚絲50g・
　　　　蔥花適量
醃料——鹽少許・米酒10cc・香油10cc・太白粉1/2小匙・水適量・
　　　　白胡椒粉少許
調味料——A.太白粉1大匙・水適量・白胡椒粉少許
　　　　　B.水800cc・白醋50cc・白胡椒粉適量

1 將雞胸肉切條後，放入玻璃碗中。

2 再加入所有醃料拌勻。

3 取一玻璃碗，放入調味料A的太白粉、水與白胡椒粉調勻備用。

4 取一鍋，熱鍋後倒入油，放入紅蘿蔔絲、新鮮黑木耳絲炒香。

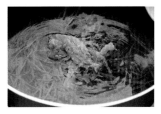

5 再倒入800cc的水、魷魚絲，蓋上鍋蓋，燜煮3分鐘。

6 打開鍋蓋，放入做法3胡椒太白粉水勾芡至濃稠。

7 再放入雞胸肉泡煮至熟。

8 倒入白醋，最後撒入白胡椒粉、蔥花即可。

Tips

魷魚絲經過加工風味加倍濃縮，放入湯中一起燒煮能大幅提升鮮味程度。

2～3 人份

沙茶炒雞片

材料——雞胸肉1塊・蒜末20g・高麗菜片100g・辣椒1根（切片）
醬料——沙茶醬1大匙・蠔油1.5大匙・烏醋1小匙・糖1/2小匙・
　　　　白胡椒粉1/2小匙・米酒2大匙
調味料—太白粉1小匙・香油10cc

1 將雞胸肉切片，放入玻璃碗中。

2 取一玻璃碗，放入所有醬料混勻備用。

3 雞胸肉加入2大匙調勻的醬料拌勻。

4 加入太白粉拌勻後，再倒入香油拌勻備用。

5 取一鍋，熱鍋後倒入1大匙油燒熱，放入雞胸肉。

6 快速翻炒到雞胸肉變色後取出備用。

7 用同鍋，放入蒜末炒香。

8 加入高麗菜片炒勻，再依序放上雞胸肉、調勻醬汁，蓋上鍋蓋，燜約3分鐘。

9 打開鍋蓋，放入辣椒片翻炒均勻即可。

 Tips

高麗菜鋪底讓雞胸肉很和緩的熟成，吃起來不但滑嫩也會很多汁。

酸辣馬鈴薯絲

2～3 人份

材料——雞胸肉1塊・馬鈴薯1個・蔥段15g・紅蘿蔔絲30g・蒜末15g
醃料——鹽少許・白胡椒粉少許・米酒15cc・太白粉1/2小匙
調味料—鹽1小匙・糖1/2小匙・白胡椒粉1小匙・白醋30cc

1 雞胸肉切條後，放入玻璃碗中，再加入所有醃料拌勻備用。

2 將馬鈴薯切細絲，用清水拌洗至水色透明瀝乾備用。

3 取一鍋，倒入水煮滾後，放入雞胸肉，燙煮至肉色變白撈起備用。

4 另取一鍋，燒熱後倒入油，放入蔥段、紅蘿蔔絲炒香。

5 再放入馬鈴薯絲、雞胸肉炒勻。

6 加入鹽、糖、白胡椒粉炒勻後關火。

7 最後放入蒜末、白醋拌勻即可。

Tips

馬鈴薯切細絲後，需用清水抓洗至水色透明，炒煮熟成後吃起來才會脆口。

麻婆雞丁

4～6
人份

材料——雞胸肉2塊・豬絞肉150g・薑末15g・蒜末30g・蔥1支（切末）
醃料——醬油10cc・白胡椒粉1/2小匙・米酒30cc・太白粉1小匙
調味料——豆豉10g・辣豆瓣醬1大匙・醬油1.5大匙・糖1小匙・高湯600cc・
花椒粉少許

1 豆豉泡水，洗淨；雞胸肉
對半橫切，用叉子將肉戳
鬆。

2 雞胸肉再切塊，加入所有
醃料拌勻備用。

3 取一鍋，熱鍋後放入豬絞
肉，炒至金黃酥香出油。

4 加入薑末、蒜末爆香。

5 再放入豆豉、辣豆瓣醬、
醬油、糖炒香。

6 倒入高湯，蓋上鍋蓋，燜
煮3分鐘，打開鍋蓋，放
入雞胸肉泡煮至熟。

7 最後放入蔥花（末）拌
勻，撒上花椒粉即可。

Tips

待所有調味醬汁都燒煮好後
再放入雞胸肉，這樣熟度好
控制不怕煮過頭。

皮蛋醬嫩白肉

4～6
人份

材料——雞胸肉2塊・皮蛋2個・薑末5g・剝皮辣椒2根（切末）・
　　　　辣椒圈10g・花生碎10g・香菜10g
醃料——鹽少許・米酒10cc・白胡椒粉少許・太白粉1/2小匙
調味料—醬油膏2大匙・糖1小匙・五香粉少許・黑胡椒少許・香油5cc

1 雞胸肉切片。

2 刀面抹少許油（份量外），將皮蛋切塊備用。

3 取一玻璃碗，放入雞胸肉，倒入醃料拌勻。

4 取一鍋，加入水煮滾後，放入雞胸肉，燙熟撈起盛盤備用。

5 再另取一玻璃碗，放入薑末、皮蛋塊、所有調味料、剝皮辣椒末、辣椒圈拌均勻。

6 淋在雞胸肉上，再撒上花生碎、香菜即可。

Tips

剝皮辣椒微辣帶酸，可減少皮蛋腥味，吃起來更爽口不膩。

絲瓜雞肉盅

4 人份

材料──絲瓜1條・金鉤蝦5g・
　　　雞胸肉1塊・薑末10g・
　　　辣椒末5g
調味料──鹽1/2小匙・米酒15cc・
　　　太白粉1/2小匙

1 絲瓜刮除表面硬皮，切厚
片；金鉤蝦用適量米酒泡
軟，切末備用。

2 雞胸肉切小丁，放入玻璃
碗中。

3 加入鹽、15cc米酒、太白
粉拌均勻。

4 再加入薑末、辣椒末、金
鉤蝦混勻備用。

5 取一鍋，熱鍋後倒入少許
油，放入絲瓜片，用中火
煎到香氣飄出後翻面。

6 轉小火，將拌好雞胸肉均
勻鋪平在絲瓜厚片上，蓋
上鍋蓋，燜煮約6分鐘即
可。

Tips

絲瓜刮除表面硬皮後切成厚片，利用燜煮方式會使絲瓜水嫩
好吃，且與雞胸肉熟成時間相當，一起變熟一起變好吃。

炸雞柳

2～3
人份

材料——雞胸肉1塊

麵衣——酥脆粉75g・雞蛋2個

醃料——米酒1大匙・醬油少許・
白胡椒粉1小匙・糖1/2小匙・
香油少許

調味料——油少許・辣椒1根（切末）・
薑黃粉1小匙・椒鹽粉適量

1 雞胸肉切條，放入玻璃碗中。

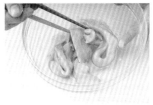

2 再加入所有醃料拌勻備用。

3 取一玻璃碗，放入酥脆粉、雞蛋拌勻。

4 再放入少許油、醃好雞胸肉、辣椒末、薑黃粉拌勻備用。

5 鍋子倒入油，熱至160°C後，放入醃好的雞胸肉，炸至金黃脆香後，撈出瀝乾，撒上椒鹽粉即可。

Tips

一般脆酥粉加水調勻使用，也可改用雞蛋取代水，不但顏色更鮮黃好看，香氣也更豐富。

皮蛋雞片粥

4人份

材料——生米150g・生圓糯米40g・皮蛋2個・雞胸肉200g・罐頭鮪魚15g・
　　　　薑絲15g・蔥花15g・油條1/2條
醃料——米酒1大匙・香油10cc・糯米粉1大匙
調味料—鹽適量・香油適量・白胡椒粉1/2小匙

1 生米、生圓糯米混勻後洗
淨，浸泡45分鐘瀝乾後放
入塑膠袋，再放進冰箱冷
凍一夜；皮蛋切碎備用。

2 雞胸肉切片備用。

3 取一玻璃碗，放入雞胸肉
與所有醃料拌勻備用。

4 取一鍋，倒入水煮滾後，
放入冷凍米，煮約20分
鐘。

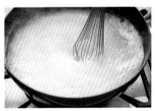

5 用打蛋器攪打讓粥汁濃
稠。

6 再放入皮蛋碎、罐頭鮪魚
煮勻。

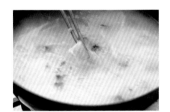

7 放入醃好的雞胸肉煮熟。

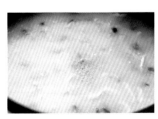

8 加入所有調味料拌勻。

9 最後撒上薑絲、蔥花、油
條即可。

Tips

生的米經過冷凍可更迅速煮到軟透，加入圓糯米一起煮會使粥汁口感更稠滑好吃。

雞肉筍絲燴飯

材料──雞胸肉1塊・茭白筍100g・白飯1碗・香菇4朵（切片）・
牛肉乾30g・蒜末15g・辣椒1根（切片）
醃料──蠔油1/2小匙・白胡椒粉少許・米酒10cc・太白粉少許
調味料─A.水適量・蠔油1.5大匙・糖1小匙・黑胡椒1/2小匙
B.太白粉水適量（勾芡用）

1 雞胸肉切條後，放入玻璃碗中。

2 加入所有醃料拌勻備用。

3 茭白筍切絲；白飯盛盤備用。

4 取一鍋，熱鍋後，乾鍋放入香菇片，蓋上鍋蓋，燜煎到焦香氣飄出。

5 打開鍋蓋，倒入油，放入茭白筍絲炒香。

6 再倒入所有調味料A與牛肉乾，將味道煮勻。

7 倒入太白粉水勾芡。

8 再放入雞胸肉泡煮到熟。

9 最後淋在白飯上，再撒上蒜末、辣椒片即可。

Tips

牛肉乾本身肉韻厚實、香氣十足，加入一起料理可讓風味層次大大升級。

和風嫩雞蒸蛋

4人份

材料──香菇3朵·雞胸肉1塊·雞蛋2個·香菜3g
醃料──鹽適量·太白粉1/2小匙·米酒10cc
調味料──水300cc·鹽適量·柴魚醬油20cc·味醂10cc·太白粉水2大匙

1 香菇切片備用。

2 雞胸肉切塊後,放入玻璃碗中,加入所有醃料拌勻備用。

3 雞蛋打散後,倒入150cc水,加入少許鹽拌勻,倒入蒸盤中。

4 再放上雞胸肉。

5 放進電鍋中,蒸約12分鐘後取出備用。

6 取一鍋,熱鍋後,乾鍋放入香菇片煎到焦香。

7 倒入剩下的150cc水與柴魚醬油、味醂煮勻。

8 再倒入太白粉水勾芡。

9 最後淋在做法8的蒸蛋上,再撒上香菜即可。

Tips

鮮香菇經過乾煎能產生濃厚焦香氣,應用於醬汁製作,風味大大提升。

Part 1 番外篇
加倍保護，美味加倍

加倍保護並不是加倍用澱粉喔！請大家先冷靜聽我講！

雞胸肉因肌肉組織較為短鏈，保水力不足，直接受熱時若火力太強、時間太長，肌肉組織一緊縮，水分就流失了。所以很適合間接加熱，然後慢慢熟成，水分流失少才會好吃。這也和男女朋友交往一樣，太心急往往會失敗，知道對方喜好、適性，用對方法才能事半功倍。

如果把交往時的用心分一點點來保護雞胸肉，那怎可能不好吃呢？其實除了澱粉，很多日常食材都能保護雞胸肉不被直接受熱，而是慢慢熟成，因為水分保留更多自然會好吃。

從本章節開始到書末，所有食譜設計都不會再添加澱粉囉！如果大家還是習慣添加也沒問題，那就是名符其實的加倍保護了。

雞肉蛋熱狗堡

2
人份

材料——雞胸肉1塊・雞蛋2個・
　　　　熱狗麵包1個・
　　　　小黃瓜5條（切片）
調味料——A.牛奶30cc・番茄醬適量
　　　　B.鹽少許・義式綜合香料少許・
　　　　起司絲適量

1 雞胸肉切小丁後，放入玻
　璃碗中，加入牛奶拌勻。

2 雞蛋打散，加入調味料B
　與做法1的雞胸肉拌勻。

3 取一鍋，熱鍋後倒入油，
　放入做法2已沾好蛋液的
　雞胸肉，邊撥動邊煎，煎
　到蛋液呈軟熟凝固狀備
　用。

4 取一熱狗麵包，放上小黃
　瓜片、煎好的雞胸肉蛋。

5 最後擠上番茄醬即可。

Tips

起司絲受熱後會產生黏
滑質地，可以保護雞胸
肉減少水分流失，吃起
來也更滑口。

黑胡椒嫩雞
炒烏龍

（2人份）

材料——雞胸肉1塊・高麗菜片50g・
　　　　香菇3朵（切片）・紅蘿蔔片30g・
　　　　烏龍麵1包・蒜末15g・
　　　　綠花椰菜6朵（燙熟）・
　　　　雞蛋1個（煎成太陽蛋）
醬汁——黑胡椒1/2大匙・蠔油2大匙・
　　　　米酒2大匙・糖1小匙・
　　　　番茄醬0.5大匙
調味料——水400cc・奶油15g・
　　　　黑胡椒1/2大匙

1 取一玻璃碗，放入所有醬汁料調勻。

2 雞胸肉切片後，放入玻璃碗中，再加入1大匙做法1的醬汁，拌勻備用。

3 取一鍋，熱鍋後倒入油，放入高麗菜片、香菇片、紅蘿蔔片炒香。

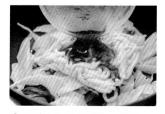

4 再放入烏龍麵、醬汁、水，蓋上鍋蓋，燜煮5分鐘。

5 打開鍋蓋，加入蒜末、奶油。

6 再放入雞胸肉、1/2大匙黑胡椒，翻炒到雞胸肉變色，肉質變Q彈後盛盤，再放上燙熟的綠花椰菜與煎好的太陽蛋即可。

Tips

烏龍麵經過燜煮會釋出澱粉質讓醬汁細滑，也能在雞胸肉表面形成保護膜，讓肉更滑嫩。

2～4人份

辣醬蒸茄

材料—— 雞胸肉1塊‧茄子1根‧金針菇1/2包‧蒜末15g‧罐頭肉醬80g‧
香菜5g

調味料—— 胡椒鹽適量‧糖1小匙‧白醋少許

1 雞胸肉切片,加上胡椒鹽拌勻。

2 茄子切成片;金針菇切細末備用。

3 取一盤,將一片茄子、一片雞胸肉依序疊好。

4 放進蒸鍋,蒸約7分鐘取出備用。

5 取一鍋,熱鍋後倒入油、蒜末炒香。

6 再放入金針菇末炒香。

7 倒入罐頭肉醬、糖與少許的白醋煮勻。

8 淋在做法4蒸好的茄子雞胸肉上,再撒上香菜即可。

Tips

茄子膳食纖維豐富,蒸熟後口感軟滑,且層層交疊能保護雞胸肉不會過度受熱,一舉兩得。

香雞煎蛋捲

2～3人份

材料——雞胸肉1塊・雞蛋3個・
牛奶50cc・香鬆適量

調味料——美乃滋50g・咖哩粉1小匙・
鹽少許

1 雞胸肉切小丁。

2 取一玻璃碗，放入美乃
滋，加入咖哩粉混勻，裝
入塑膠袋備用。

3 雞蛋打散，加入雞胸肉、
鹽、牛奶打勻。

4 取一鍋，熱鍋後倒入油，
放入做法3，蓋上鍋蓋，
用中小火燜煎約5分鐘。

5 打開鍋蓋，取出蛋皮捲
好。

6 用刀子切塊後擺盤，擠上
做法2的咖哩美乃滋，再
撒上香鬆即可。

Tips

咖哩粉有豐富辛香，會讓美乃滋吃起來香甜不膩口。

脆皮雞肉春捲

4人份

材料——雞胸肉1塊・蘋果1個・
小黃瓜1條・春捲皮8張
調味料——胡椒鹽適量・甜辣醬適量・
麵糊適量（封口用）

1 雞胸肉切片；蘋果切絲備
用。

2 將小黃瓜用刨刀刨成片，
再對切備用。

3 取一春捲皮，依序放上蘋
果絲、小黃瓜、胡椒鹽、
雞胸肉。

4 春捲皮左右內折好。

5 再捲成捲狀，沾上麵糊後
封口，並一一包好所有春
捲。

6 取一鍋，熱鍋後倒入油，
放入包的雞胸肉春捲，煎
至兩面金黃脆香後，搭配
甜辣醬沾食用即可。

Tips

用春捲皮捲起再加熱，能產生「雞胸肉間接受熱更美味保護功能」，讓雞胸肉水分不流
失更好吃。

鮮味雞肉羹

4人份

材料──雞胸肉1塊・蒜泥1大匙・
　　　香菜5g・薑絲10g
調味料──A.雞高湯1000cc・米酒1大匙・
　　　　鹽1.5小匙・糖1小匙・
　　　　太白粉水4大匙
　　　　B.花枝漿200g・香油5cc・
　　　　白胡椒粉1小匙・烏醋1大匙

1 雞胸肉切條備用。

2 取一湯鍋，倒入雞高湯煮滾。

3 加入米酒、鹽、糖煮勻。

4 再加入太白粉水勾芡備用。

5 取適量花枝漿，均勻裹上雞胸肉。

6 放入做法4煮好的雞高湯中，煮至雞胸肉浮起後盛碗，再加入蒜泥、香菜、薑絲、香油、白胡椒粉、烏醋即可。

Tips

花枝漿質地黏稠，熟成後能緊緊保護雞胸肉，嫩甜點滴留口中。

脆皮雞肉餛飩

2～3 人份

材料——雞胸肉1塊・四季豆50g・
　　　　培根1片・蒜末5g・辣椒末5g・
　　　　餛飩皮10片

調味料——黑胡椒1/4小匙・鹽少許

1　雞胸肉切小丁備用。

2　四季豆切小丁；培根切末
　　備用。

3　取一玻璃碗，放入雞胸
　　肉、四季豆丁、黑胡椒、
　　鹽、蒜末、辣椒末、培根
　　末混勻即為餡料。

4　取一餛飩皮，放入適量餡
　　料。

5　餛飩皮邊沾水後，對折成
　　三角狀，並依序包好所有
　　餛飩。

6　取一鍋，熱鍋後倒入2大
　　匙油，放入三角餛飩，煎
　　至兩面金黃脆香即可。

Tips

餛飩皮一樣具有「雞胸肉間接受熱更美味保護功能」，且皮薄熟得快，縮短雞胸肉受熱
時間不怕柴。

玉米雞肉鍋貼

2～3 人份

材料——雞胸肉1塊・剝皮辣椒3根・玉米50g・香菜3g・
　　　　水餃皮12片
麵糊水—太白粉1/4小匙・麵粉1小匙・水100cc
調味料—鹽1/2小匙・米酒10cc・香油10cc

1 雞胸肉切小丁；剝皮辣椒
切末備用。

2 取一玻璃碗，放入所有麵
糊水材料調勻備用。

3 另取一玻璃碗，放入雞胸
肉、剝皮辣椒末、玉米、
鹽、米酒、香油、香菜混
勻即為內餡。

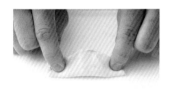

4 取一片水餃皮，放上適量
內餡包成鍋貼狀，並依序
包好所有鍋貼。

5 取一鍋，熱鍋後放入玉米
雞胸肉鍋貼。

6 倒入麵糊水，蓋上蓋子，
燜煎7分鐘，打開鍋蓋。

7 轉用小火，慢煎至餅皮酥
脆即可。

Tips

一般麵糊是用麵粉加水調勻即
可，額外添加太白粉能煎出更
酥脆的外皮。

2～3人份

咖哩雞肉水餃

材料—— 雞胸肉1塊・玉米筍50g・蒸熟南瓜泥50g・薑末10g・水餃皮12片・
冷水適量・香油適量

調味料—咖哩塊1/2個（切細末）・匈牙利紅椒粉1g・黑胡椒0.5g・
米酒20cc

1 雞胸肉切小丁備用。

2 玉米筍切小丁備用。

3 取一玻璃碗，放入已切成細末的咖哩塊，再加入剩下的調味料拌勻。

4 放入雞胸肉、蒸熟的南瓜泥、薑末、玉米筍混勻即為內餡。

5 取一水餃皮，邊緣沾水，包入適量內餡後，將水餃皮對折封口壓緊。

6 水餃皮捏成餃子狀，並依序包好所有水餃。

7 將水餃放入滾水鍋中煮至浮起後，倒入冷水、香油再煮至回滾，反覆動作3次。

8 最後將撈出瀝乾即可。

Tips

咖哩塊帶有油脂，能在雞胸肉表面形成薄薄帶油的面膜，保護雞胸肉水分吃起來也更滑口。

剝皮辣椒豆皮

2～3
人份

材料——雞胸肉1塊・剝皮辣椒6根・生豆皮4片・蔥絲10g・辣椒絲5g・
花生碎30g

調味料——太白粉適量・醬油膏2大匙・黑胡椒1/2小匙

1 雞胸肉切片備用。

2 剝皮辣椒切小片備用。

3 生豆皮攤開,撒上太白
粉。

4 再抹上醬油膏。

5 放上雞胸肉、剝皮辣椒
片,撒上黑胡椒。

6 再蓋上另一片生豆皮備
用。

7 取一鍋,熱鍋後倒入油,
放入包好的生豆皮,蓋上
鍋蓋,用中小火燜煎約3
分鐘到豆皮呈金黃,打開
鍋蓋,翻面後煎到兩面金
黃。

8 剝皮辣椒豆皮切塊,撒上
蔥絲、辣椒絲、花生碎即
可。

Tips

一樣利用到「雞胸
肉間接受熱更美味
保護功能」,外層
煎到脆香,內層豆
甜肉嫩又多汁很讚
喔!

4 人份

古早味洋蔥雞捲

材料—— 洋蔥2個・雞胸肉1塊・腐皮3片・香菜5g
麵衣—— 麵糊水適量・地瓜粉少許
醃料—— 糖1小匙・五香粉1/2小匙・黑胡椒1大匙・地瓜粉100g
調味料—— 米酒1大匙・白胡椒粉適量・醬油1大匙・甜辣醬適量

1 洋蔥切碎，放入玻璃碗中，加入糖、五香粉、黑胡椒醃約1小時後，略微擠乾水分。

2 再加入100g地瓜粉拌勻備用。

3 雞胸肉切條後，放入玻璃碗中，再倒入米酒、白胡椒粉、醬油拌勻備用。

4 取一腐皮，依序放上洋蔥、醃好的雞胸肉、香菜。

5 腐皮邊邊沾上麵糊水封口捲成條，並一一包好所有雞捲。

6 表面撒上少許地瓜粉。

7 鍋子倒入油熱至130°C，放入洋蔥雞捲炸5～6分鐘至熟後撈起瀝油。

8 用刀子切段後盛盤，搭配甜辣醬沾食用即可。

Tips

洋蔥水分多，地瓜粉黏性好，兩者一起把雞胸肉「攬條條」，水分甜度跑不掉很好吃喔！

雞蓉玉米粥

4 人份

材料——雞胸肉200g・玉米1根・
　　　　白飯2碗・蔥花1大匙・薑末5g
調味料——A.水70cc・玉米粉1/2大匙・
　　　　　蛋白2個・高湯1000cc
　　　　B.鹽1/2小匙・白胡椒粉少許

1 雞胸肉切塊備用。

2 玉米取粒，玉米梗留用。

3 取一食物調理機，放入雞
　胸肉、水、玉米粉、蛋白
　打成泥備用。

4 取一鍋，熱鍋後倒入高
　湯、玉米梗、白飯、調味
　料B滾煮約5分鐘。

5 將玉米梗撈出來。

Tips

6 再放入雞胸肉泥撥散煮
　熟，撒上蔥花、薑末即
　可。

雞胸肉蛋白同屬動物性蛋白質，打成泥會產生「自家人挺
自家人現象」，吃起來不怕乾柴。

芝麻雞肉煎餅

4～6 人份

材料——雞胸肉2塊
麵衣——雞蛋1/2個‧白芝麻適量
調味料——鹽1/2小匙‧白胡椒粉1/2小匙‧
　　　　花椒粉少許‧五香粉少許‧
　　　　黑白胡椒粉少許‧米酒10cc

1 雞胸肉切片，放入玻璃碗中。

2 加入所有調味料混勻。

3 再加入雞蛋拌勻。

4 將雞胸肉切雙面，沾裹白芝麻備用。

5 取一鍋，放入白芝麻雞胸肉，煎到金黃香。

6 再翻面煎到金黃香即可。

Tips

> 這道料理也是利用「雞胸肉間接受熱更美味保護功能」，煎好後白芝麻不但啵啵脆還有迷人油香，不但有保護還又助攻超得分。

果香雞肉烤柳橙

4～6人份

材料——雞胸肉1塊・柳橙6個・薑末10g・香菇丁50g・
金針菇1/2包（切末）・日本山藥丁50g・九層塔5g・起司絲50g・
美生菜絲適量

調味料——鹽1/2小匙・牛奶100cc・黑胡椒適量・黃芥末醬10g・麵包粉50g

1 雞胸肉切小丁備用。

2 柳橙洗淨後，用刀子切掉約1/4蒂頭處，再延著柳橙邊緣劃一圈。

3 用湯匙將果肉取出，留柳橙盅備用。

4 取一鍋，熱鍋後倒入油，放入薑末爆香。

5 再放入香菇丁、金針菇末、日本山藥丁炒到香。

6 放入雞胸肉，炒到變白後關火。

7 再放入鹽、牛奶、黑胡椒、黃芥末醬、九層塔、麵包粉拌勻。

8 將炒好的雞胸肉蔬菜料填入柳橙盅。

9 再鋪上起司絲，放進預熱至250℃的烤箱，烘烤至起司絲融化上色後取出，最後擺上美生菜絲即可。

Tips

日本山藥熟成後質地黏滑，會在雞胸肉表層形成若有似無保護膜，「古溜古溜」很好吃喔。

Part 2
人要因材施教，雞胸肉也是

昔孟母，擇鄰處，子不學，斷機杼。

孩子要適才適性教育，雞胸肉也是！若我們沒搞懂她，一昧用自以為的方式對待她，最後煮壞了再嫌她不好吃，那真說不過去啊！

雞胸肉的組織在料理前很是軟嫩細緻，能很輕易分切成我們需要的樣子，但這時重點就來了！厚片、薄片、粗條、細條、小丁、大丁……這麼多規格，要怎麼煮才恰當？這些問題在本章節都有很正經但又帶點調皮的解釋（調皮？）。

另外還會特別介紹我自己以為獨創的「整塊雞胸肉一鍋到底水嫩煎法」，這技法我真的很愛，且還能延伸做出很多變化應用，讓雞胸肉吃起來更有趣（不過再有趣還是不建議頻繁吃，切記一餐不要超過兩道，一週連續不要超過兩天比較適合）。

雞肉暖莎莎醬 小丁

2～4人份

材料──雞胸肉1塊・小番茄300g・辣椒末20g・洋蔥末100g・蒜末30g・
玉米脆片適量
調味料──鹽1/2小匙・糖2小匙
莎莎醬──檸檬汁50cc・剝皮辣椒末30g・香菜10g・橄欖油50cc

1 雞胸肉切小丁備用。

2 小番茄切丁備用。

3 取一鍋，熱鍋後倒入橄欖油（份量外），用小火將辣椒末、洋蔥末、蒜末炒香。

4 放入小番茄炒至微軟。

5 加入鹽、糖、雞胸肉炒到雞胸肉色變白關火。

6 再倒入檸檬汁、剝皮辣椒末、香菜。

7 倒入橄欖油拌勻後盛盤，搭配玉米脆片即可。

Tips

雞胸肉小丁熟成快，千萬不能久煮，一看肉色變白立刻關火，利用餘溫就能讓雞胸肉熟到剛剛好。

起司鮮蔬雞排 大厚片

4～6 人份

材料——雞胸肉2塊・蜜汁肉乾50g・紅黃甜椒丁各20g・細綠蘆筍丁30g・
　　　　起司絲50g
醃料——鹽1/2小匙・白胡椒粉適量
調味料—番茄醬適量

1 雞胸肉對半橫切後，放入
玻璃碗中，加上鹽、白胡
椒粉略醃備用。

2 蜜汁肉乾切小丁備用。

3 取一鍋，熱鍋後倒入油，
待油燒熱，用大火迅速將
雞胸肉煎到兩面變色，再
轉外圈小火。

4 擠入番茄醬，放入紅黃甜
椒丁、細綠蘆筍丁。

5 再放入蜜汁肉乾丁。

6 最後放入起司絲，蓋上鍋
蓋，用小火燜煎約4分
鐘。

7 打開鍋蓋後取出，即可裝
盤上桌。

Tips

大厚片的雞胸肉要好吃要先嚇嚇她
（大火），再好好對她（小火），這
樣才會軟嫩多汁。

香煎厚片雞肉

厚片

2~3
人份

材料——雞胸肉1塊・美生菜絲50g・
　　　小番茄適量
調味料——薑黃粉1/2小匙・
　　　匈牙利紅椒粉1/2小匙・
　　　白胡椒粉少許・鹽1/2小匙・
　　　米酒10cc

1 雞胸肉切厚片備用。

2 美生菜絲泡冰水10分鐘，
撈起瀝乾盛盤備用。

3 取一玻璃碗，放入所有調
味料調勻。

4 再放入雞胸肉拌勻備用。

5 取一鍋，熱鍋後倒入油，
放入雞胸肉，用中大火煎
約30秒鐘翻面。

6 再煎30秒鐘，反覆動作做
3次，共煎約3分鐘至雞胸
肉按壓起來有緊實感後盛
盤，擺上美生菜絲、小番
茄即可。

Tips

有一定厚度但不是很大片的雞胸肉，就像調皮的孩子要不斷耳提面命（中大火反覆煎）
才會成材（變好吃！）。

蘆筍炒雞米

小丁

2～3
人份

材料──雞胸肉1塊・細綠蘆筍150g・
　　　蒜末10g・辣椒末5g
調味料──香油5cc・米酒10cc・鹽1/2小匙

1 雞胸肉切小丁；細綠蘆筍
　洗淨，切去粗老部分後，
　切小丁備用。

2 取一玻璃碗，放入雞胸
　肉，再加入香油拌勻備
　用。

3 取一鍋，熱鍋後倒入油，
　放入細綠蘆筍丁，炒到綠
　蘆筍轉為翠綠色。

4 放入雞胸肉、米酒，快速
　翻炒到雞胸肉變色後關
　火。

5 最後放入蒜末、鹽、辣椒
　末拌勻即可。

Tips

加入米酒不僅是提
香，還能幫助熱傳
導，讓雞胸肉丁更快
速更一致的熟成，一
舉兩得啊！

雞肉滷肉飯 小丁

4~6 人份

材料——雞胸肉2塊・金針菇1包・新鮮白木耳100g・蒜酥20g・油蔥酥30g・
　　　　白飯1碗・香菜5g
調味料——醬油4大匙・米酒50cc・水800cc・五香粉1/2小匙・
　　　　白胡椒粉1/2小匙・糖2大匙

1 雞胸肉切小丁；金針菇切
細末備用。

2 新鮮白木耳切細末備用。

3 取一鍋，熱鍋後倒入油，
放入蒜酥、油蔥酥炒香。

4 再放入金針菇末炒到變
軟。

5 倒入醬油煮出香氣。

6 再倒入米酒，煮到酒氣散
掉。

7 加入水、五香粉、白胡椒
粉、糖、新鮮白木耳末，
蓋上鍋蓋，煮約15分鐘。

8 最後放入雞胸肉拌勻後關
火，泡至雞胸肉質變Q彈
即完成。

9 打開鍋蓋，將雞肉滷淋在
白飯上，再撒上香菜即
可。

Tips

帶有芡汁質地的醬汁蓄熱效果佳，利用其餘溫就能讓雞胸肉小丁熟到剛剛好（醬汁配方
也超健康喔！^^）。

香煎小里肌

不同規格

2～3
人份

材料——小里肌200g・綠櫛瓜1根・
　　　　小番茄6顆・蒜末10g
醃料——孜然粉1/2小匙・
　　　　匈牙利紅椒粉1/2小匙・
　　　　油10cc・鹽1/2小匙
調味料——黑胡椒1/2小匙・鹽1/2小匙

1 小里肌用刀背將筋拉除；
　綠櫛瓜切厚片備用。

2 取一玻璃碗，放入所有醃
　料混勻後備用。

3 再放入小里肌拌均勻備
　用。

4 取一鍋，熱鍋後倒入油，
　放入小里肌、綠櫛瓜厚
　片、小番茄，以中大火將
　小里肌肉煎到邊邊開始反
　白。

5 將小里肌肉翻面，續煎到
　肉壓起來帶有緊實Q彈感
　後盛盤。

6 利用同鍋中餘溫，放入蒜
　末、黑胡椒、鹽炒香後，
　放在里肌肉上即可。

Tips

小里肌質地比雞胸肉更細嫩，但因有一定厚度所以一定要
用嚇的（中大火煎啦），只要煎到兩面金黃肉質緊實Q彈
就很吃。

湯泡雞胸

薄片

2～4
人份

材料──雞胸肉1/2塊‧美生菜30g‧
　　　香菜1株‧蔥花5g‧
　　　薑1小塊（切絲）‧
　　　白芝麻3g‧油條1/2條
高湯──水700cc‧柴魚粉1小匙‧
　　　白胡椒粉1/2小匙‧鹽1/2小匙‧
　　　香油5cc

1 將雞胸肉切薄片；美生菜切細絲備用。

2 取一鍋，倒入700cc水煮滾後，放入柴魚粉、白胡椒粉、鹽、香油，煮滾後即為高湯。

3 取一碗，放入香菜、蔥花、美生菜絲、薑絲。

4 鋪上雞胸肉。

5 淋上高湯，撒上白芝麻、油條即可。

Tips

薄片雞胸肉千萬不能對她兇，要用四面八方的溫暖去擁抱她（煮滾高湯泡煮），這樣就會很好吃喔！

鹹水蒸雞丁

大丁

2～4
人份

材料——雞胸肉1塊・香菇3朵・
　　　玉米筍4根・新鮮黑木耳片50g・
　　　紅蘿蔔片6片・薑片5片・香菜5g
調味料——冬菜10g・五香粉少許・
　　　黑胡椒1/2小匙・
　　　白胡椒粉1/2小匙・
　　　米酒15cc・鹽1/2小匙

1 雞胸肉切大丁；香菇切
片；玉米筍切斜段備用。

2 取一玻璃碗，放入所有調
味料調勻。

3 再放入雞胸肉、香菇片、
玉米筍段、新鮮黑木耳
片、紅蘿蔔片、薑片拌
勻。

4 取一蒸盤，放入拌好的食
材，封上耐熱保鮮膜。

5 放進電鍋中，蒸約10分鐘
取出，撕掉保鮮膜後，撒
上香菜即可。

Tips

切大丁的雞胸肉每塊
長相都不一樣，就像
面對一群叛逆的孩
子，一定要用愛去慢
慢感化（封起來用
蒸），大家就會一起
變好（好吃啦）。

嫩煎雞胸肉
溫沙拉 整塊雞胸肉

2～3
人份

材料——雞胸肉1塊・紅黃甜椒絲各20g・
美生菜絲50g
醃料——鹽1/2小匙・黑胡椒1/2小匙・
橄欖油5cc
調味料—鹽少許

1 雞胸肉加入鹽、黑胡椒、
橄欖油略醃備用。

2 取一鍋，熱鍋後放入雞胸
肉，用中大火將所有肉面
煎到上色。

3 蓋上鍋蓋，再轉外圈最小
火燜煎4分鐘，關火，再
續燜4分鐘。

4 打開鍋蓋，取出後切片。

5 用同鍋，利用鍋中餘溫放
入紅黃甜椒絲、鹽、美生
菜絲拌勻後盛盤。

6 再放上煎好的雞胸即可。

Tips

雞胸整塊煮，甜味水分保留最多最好吃，但也最難做，不過只要採用「半強迫溫柔呵護
模式」（先煎再燜再等），口感風味直逼舒肥喔！

黃瓜拌雞絲 整塊雞胸肉

2~4 人份

材料——雞胸肉2塊・小黃瓜2條・蒜末15g・辣椒1根（切片）
醃料——鹽1/2小匙・黑胡椒1/2小匙・橄欖油10cc
調味料——醬油1/2大匙・白醋1大匙・糖10g

1 雞胸肉加入鹽、黑胡椒、橄欖油略醃備用。

2 取一鍋，熱鍋後放入雞胸肉，用中大火將所有肉面都煎到上色後，蓋上鍋蓋。

3 轉外圈最小火，燜煎5分鐘關火，然後續燜5分鐘，打開鍋蓋並取出。

4 雞胸肉拆成條備用。

5 小黃瓜用冰水浸泡5分鐘，取出拍裂，再切小段備用。

6 取一玻璃碗，放入所有調味料、蒜末、辣椒片拌勻。

7 放入雞胸肉、小黃瓜段拌勻即可。

Tips

關火燜的時候雞胸肉會釋出雞汁，搭上焦香味變成很有韻味的「雞精」，加入料理中會讓美味倍增。

自己壓三明治 整塊雞胸肉

2人份

材料——雞胸肉1塊‧吐司片2片‧美生菜絲15g‧番茄片4片‧起司絲30g
醃料——鹽1/2小匙‧黑胡椒1/2小匙‧橄欖油5cc
醬料——番茄醬10g‧黃芥末醬5g‧美乃滋20g

1 雞胸肉加入鹽、黑胡椒、橄欖油略醃備用。

2 取一玻璃碗，放入所有醬料混勻備用。

3 取一鍋，熱鍋後放入雞胸肉，用中大火將所有肉面都煎到上色後，蓋上鍋蓋，轉外圈最小火，燜煎4分鐘關火，續燜4分鐘後，打開鍋蓋取出。

4 雞胸肉拆條備用。

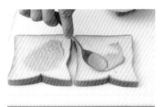

5 取出二片吐司片，均勻抹上醬料。

6 依序放上美生菜絲、番茄片、雞胸肉、起司絲，再蓋上另一片吐司片即為三明治。

7 取一鍋，熱鍋後轉外圈小火，放入三明治。

8 取一平底圓盤壓上。

9 待聞到焦香味後翻面，續煎到焦香氣飄出即可。

Tips

利用平底圓盤壓煎，吐司就能均勻上色很漂亮，融化的起司還能保護雞胸肉，設計得真是好啊（自己講～噗）。

三色丼飯 整塊雞胸肉

2~3人份

材料——雞胸肉1塊・小黃瓜1條・番茄1個・白飯1碗・薑末10g
醃料——鹽1/2小匙・黑胡椒1/2小匙・橄欖油5cc
醬汁——醬油5cc・美乃滋20g・辣豆瓣醬10g

1 雞胸肉加入鹽、黑胡椒、橄欖油略醃備用。

2 取一玻璃碗，放入所有醬汁混勻備用；小黃瓜、番茄切小丁備用。

3 取一鍋，熱鍋後放入雞胸肉，用中大火將所有肉面都煎到上色後，蓋上鍋蓋。

4 轉外圈最小火，燜煎4分鐘然後關火，再續燜4分鐘後，打開鍋蓋並取出。

5 雞胸肉拆條備用。

6 做法2醬汁加入做法4煎後的雞汁混勻即為醬汁。

7 另取一碗，放入白飯，鋪上小黃瓜丁、番茄丁、雞胸肉。

8 淋上做法6醬汁，放入薑末即可。

Tips

醬油鹹甘味；美乃滋濃甜帶滑；辣豆瓣醬辣韻十足，三者手牽手香甜濃韻微辣不膩很好吃喔。

2～3 人份

綠花椰菜嫩雞暖沙拉 整塊雞胸肉

材料——雞胸肉1塊・綠花椰菜1株・小番茄8顆・蒜末15g
醃料——鹽1/2小匙・黑胡椒1/2小匙・橄欖油5cc
醬汁——橄欖油15cc・檸檬汁10cc・鹽1/2小匙・黑胡椒適量
調味料—七味辣椒粉適量

1 雞胸肉加入鹽、黑胡椒、橄欖油略醃備用。

2 將綠花椰菜切小朵，去除硬皮備用。

3 取一鍋，熱鍋後放入雞胸肉，煎到稍上色。

4 放入綠花椰菜、小番茄、蒜末，用中大火將所有肉面都煎到上色後，蓋上鍋蓋，轉外圈最小火，燜煎4分鐘關火，續燜4分鐘後，打開鍋蓋並取出。

5 雞胸肉拆條備用。

6 取一玻璃碗倒入所有醬汁，放入煎好的綠花椰菜、小番茄拌勻後盛盤。

7 放上雞胸肉，撒上七味辣椒粉即可。

 Tips

綠花椰菜和雞胸肉一起燜煎，一次完成超方便，還會有迷人焦香甜美肉汁，務必要試試啊！

優格雞肉蘇打餅乾 整塊雞胸肉

4人份

材料——雞胸肉1塊・奇異果丁50g・蘋果丁50g・小蘇打餅乾6片・蜜汁肉乾丁20g

醃料——鹽1/2小匙・黑胡椒1/2小匙・橄欖油5cc

調味料——優格50g・黃芥末醬5g・蜂蜜10cc・

1 雞胸肉加入鹽、黑胡椒、橄欖油略醃備用。

2 取一鍋,熱鍋後放入雞胸肉,用中大火將所有肉面都煎到上色後,蓋上鍋蓋。

3 轉外圈最小火,燜煎4分鐘後關火,再續燜4分鐘後,打開鍋蓋取出。

4 雞胸肉撕成條備用。

5 取一玻璃碗,放入雞胸肉、奇異果丁、蘋果丁、優格、黃芥末醬、蜂蜜混勻備用。

6 小蘇打餅乾中放上優格雞胸肉。

7 再放入蜜汁肉乾丁即可。

Tips

優格香甜醇滑,能當一個好媒人幫大家變成好朋友,果酸肉甜蜂蜜香合而為一,爽口夠味又健康。

雞絲拌米粉 整塊雞胸肉

3人份

材料——雞胸肉1塊．乾米粉50g．紅蘿蔔絲20g．芹菜段20g．香菜5g
醃料——白胡椒粉1/2小匙．五香粉適量．鹽1/2小匙．香油10cc
調味料——醬油15cc．水適量

1 雞胸肉加入白胡椒粉、五香粉、鹽、香油略醃；乾米粉用冷水泡軟備用。

2 取一鍋，熱鍋後放入雞胸肉，稍煎到上色後，放入紅蘿蔔絲、芹菜段，用中大火將所有肉面都煎到上色後，蓋上鍋蓋，轉外圈最小火，燜煎4分鐘然後關火，續燜4分鐘後，打開鍋蓋並取出雞胸肉。

3 雞胸肉拆條備用。

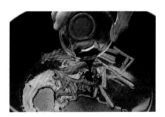

4 同鍋倒入醬油、水，將鍋底味道調勻備用。

5 取一鍋，倒入水，水滾後放入乾米粉。

6 米粉燙約30秒鐘後，撈入鍋中。

7 再倒入做法4鍋底中的紅蘿蔔芹菜，蓋上鍋蓋，燜約5分鐘，打開鍋蓋取出。

8 放上雞胸肉盛盤，撒入香菜即可。

Tips

乾米粉燙過後一定要加蓋燜，讓水氣回收透入米粉心，才會Q彈好吃，今天再加入鍋底精華更是不得了！

蒜香雞肉拉麵 厚片

2人份

材料——雞胸肉1塊・高麗菜片100g・香菇片20g・紅蘿蔔片20g・蒜末20g・
烏龍麵1包・蔥絲5g
調味料——香油適量・水800cc・辣味豆腐乳2塊・鹽少許・牛奶100cc・
七味辣椒粉適量・白芝麻適量

1 雞胸肉切厚片備用。

2 取一鍋，熱鍋後放入香油，用中大火將雞胸肉兩面煎焦香備用。

3 同鍋放入高麗菜片、香菇片、紅蘿蔔片炒香。

4 再放入蒜末炒香。

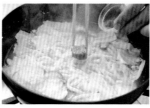

5 再倒入800cc水、烏龍麵，蓋上鍋蓋，燜煮5分鐘，打開鍋蓋，放入辣味豆腐乳。

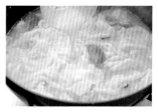

6 再加入鹽、牛奶將味道煮勻。

7 放入雞胸肉，煮到肉質Q彈後盛碗，撒上七味辣椒粉、白芝麻、蔥絲即可。

Tips

利用辣味豆腐乳的鹹甘韻味，牛奶的濃醇香，就能輕鬆做出接近需要熬煮的日本拉麵湯頭風味。

2~4 人份 山藥起司烤蛋 肉泥

材料——雞胸肉1塊・日本山藥塊100g・雞蛋4個・德國香腸1根（切片）・
　　　細綠蘆筍丁50g・起司絲50g

調味料——米酒20cc・牛奶50cc・鹽1/2小匙・義式綜合香料適量

1 雞胸肉切塊備用。

2 取一食物調理機，放入雞
　胸肉、日本山藥塊。

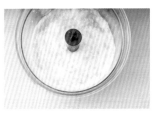

3 倒入米酒打成泥備用。

4 將雞蛋打散，倒入牛奶、鹽、義式綜合香料、德國香腸
　片、細綠蘆筍丁、雞胸肉泥、起司絲拌勻。

5 倒入烤盅備用。

6 烤箱預熱至200°C後，放
　入山藥起司烤蛋，烘烤約
　30分鐘取出即可。

Tips

打成泥的雞胸肉不適合直接煮，一定
要加工，一定要幫她找朋友，有一群
好朋友陪她一起慢慢成長（水分才不
會流失），不好吃也難啊（遠目）！

Part 2 番外篇
交到好朋友很重要，雞胸肉也是

養育孩子真的很傷神，每一個階段都要費心留意，尤其到了
國高中時的交友狀況，更是每個父母心中的擔憂。雞胸肉也
是，真的！因為雞胸肉太溫柔了，又不懂拒絕他人，所以交
友更要審慎啊！

這邊說的朋友，其實就是和雞胸肉一起搭配料理的食材。很
多日常食材在烹煮後，會產生黏滑細膩的質地，並在一定程
度上的彌補雞胸肉在料理過程中流失的水分。

友直友諒友多聞，有嫩有滑有澱粉，快幫雞胸肉找找她的好
朋友吧！

醬香雞絲冬粉

2~4 人份

材料——雞胸肉1塊・冬粉2把・薑末20g・蒜末10g・蔥花10g
調味料——白胡椒粉少許・香油適量・辣豆瓣醬1.5大匙・高湯300cc・
醬油2大匙・糖1小匙

1 雞胸肉切條。

2 放入玻璃碗中,再加入白
胡椒粉、香油拌勻備用。

3 冬粉用冷水泡約30分鐘
後,瀝乾剪成段備用。

4 取一鍋,熱鍋後倒入油,
放入薑末炒香。

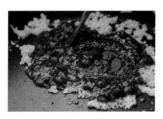

5 再加入辣豆瓣醬炒香。

6 倒入高湯、冬粉、醬油、
糖、香油,滾煮至湯汁剩
一半。

7 放入雞胸肉,翻煮至肉質
Q彈緊實後盛碗,再加入
蒜末、蔥花拌勻即可。

Tips

冬粉是好朋友!煮透後的
軟滑質地能讓雞胸肉更感
細嫩,多了肉甜冬粉也更
好吃,教學相長大概是這
意思吧(誤)!

鮮蔬雞絲夾燒餅

2～4 人份

材料——雞胸肉1塊‧金針菇1/2包‧洋蔥絲50g‧紅蘿蔔絲30g‧蒜末10g‧
　　　燒餅2個‧香菜適量

調味料——白胡椒粉少許‧香油5cc‧黑胡椒1/2小匙‧番茄醬5g‧
　　　醬油膏1大匙‧水50cc

1 雞胸肉切條。

2 放入玻璃碗中，加入少許白胡椒粉、香油拌勻備用。

3 金針菇切段。

4 取一鍋，熱鍋後倒入油，加入洋蔥絲炒香。

5 放入金針菇段、紅蘿蔔絲、蒜末炒到金針菇變軟。

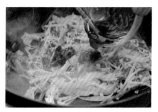

6 再加入黑胡椒、番茄醬、醬油膏。

7 倒入50cc水，煮至蔬菜料變軟透。

8 再放入雞胸肉，拌煮至肉質Q彈緊實後取出。

9 做法8夾入燒餅中，再撒上香菜即可。

Tips

金針菇是好朋友！煮透後的細滑質地不但豐富了口，感營養也加分，考試都考100分（再誤）。

瓠瓜煎餅

4 人份

材料—— 雞胸肉1塊・瓠瓜1/2個・紅蘿蔔絲50g・剝皮辣椒2根（切末）・
蔥花15g

調味料—— 鹽1小匙・中筋麵粉75g・雞蛋2個・白胡椒粉少許・香油適量・
甜辣醬適量

1 雞胸肉切條備用。

2 瓠瓜去皮切細絲，加入
鹽，拌醃至出水，將多餘
水分擠出備用。

3 取一不銹鋼碗，放入瓠瓜
絲、紅蘿蔔絲、雞胸肉、
剝皮辣椒末拌勻。

4 再放入中筋麵粉、雞蛋、
白胡椒粉、蔥花拌勻成糊
備用。

5 取一鍋，熱鍋後倒入香
油、瓠瓜糊，蓋上鍋蓋，
用小火煎至金黃香。

6 打開鍋蓋，翻面續煎到香
氣飄出後取出。

7 瓠瓜煎餅切塊，搭配甜辣
醬食用即可。

Tips

瓠瓜意外的好朋友！煮到軟甜
的瓠瓜不見得人人喜歡，但這
特性卻恰好彌補雞胸肉失去的
水分，看她倆能變好朋友真是
太開心了（拭淚）！

滑菇拌飯醬

4～6
人份

材料——雞胸肉1塊・金針菇200g・新鮮白木耳100g・薑末20g・柴魚片5g・
白飯1碗・蔥花適量
調味料——香油適量・醬油50cc・米酒30cc・水800cc・味醂20cc・糖15g

1 雞胸肉切小丁備用。

2 金針菇切細末；新鮮白木
耳切細末備用。

3 取一鍋，熱鍋後放入香
油、薑末炒香。

4 放入金針菇末，炒到變
軟，倒入醬油炒出香氣。

5 接著倒入米酒煮掉酒氣。

6 再倒入800cc水，放入新
鮮白木耳末、味醂、糖煮
滾後，轉小火，蓋上鍋
蓋，燜煮15分鐘至濃稠。

7 打開鍋蓋，放入雞胸肉拌
煮至肉質變Q彈後關火。

8 再放入柴魚片拌勻。

9 將滑菇雞胸肉醬淋上白飯
上，再撒入蔥花即可。

Tips

新鮮白木耳超級好朋友！經過熬煮會釋出滿滿膳食纖維又濃又滑，有他罩著雞胸肉不但
美味，還營養滿分啊！

豆腐嫩雞煎蛋

材料——雞胸肉1/2塊・嫩豆腐1/2塊・雞蛋4個・蔥花30g
調味料—鹽1/2小匙・醬油膏1大匙・黑胡椒1/2小匙・沙茶醬1大匙

1 雞胸肉切小丁備用。

2 取一盤,放入嫩豆腐,蓋上廚房紙巾。

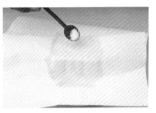

3 撒入鹽,等出水約10分鐘後,切小丁備用。

4 取一玻璃碗,放入雞蛋、雞胸肉、蔥花、醬油膏、黑胡椒、沙茶醬拌勻。

5 放入嫩豆腐丁輕輕拌勻。

6 取一鍋,熱鍋後倒入油,拌勻蛋液,輕輕翻動到蛋液至半熟後,蓋上鍋蓋,轉外圈小火,煎到雞蛋香飄出。

7 打開鍋蓋,即可盛盤上桌。

Tips

嫩豆腐疑似雞胸肉雙胞胎好朋友!一起搭配食用,會有似乎吃到兩種豆腐的錯覺,軟嫩清甜Q嫩鮮美,有好朋友真是太重要了。

山藥雞胸肉丼

2 人份

材料——雞胸肉1塊・日本山藥100g・洋蔥絲100g・白飯1碗・蔥絲適量
調味料——柴魚高湯150cc・醬油20cc・味醂20cc・米酒10cc・七味辣椒粉適量

1 雞胸肉切厚片備用。

2 日本山藥磨成泥備用。

3 取一鍋,熱鍋後倒入油,放入洋蔥絲,炒到洋蔥微金黃。

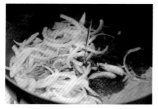

4 再倒入柴魚高湯、醬油、味醂、米酒,蓋上鍋蓋,燜煮約3分鐘至洋蔥變軟。

5 打開鍋蓋,再放入雞胸肉泡煮至胸肉變色、肉變Q彈後關火。

6 倒入日本山藥泥。

7 白飯淋上山藥雞胸肉,撒上蔥絲、七味辣椒粉即可。

Tips

日本山藥不是朋友,是神隊友!日本山藥可生食,豐富黏蛋白超級滑口還很顧胃,有了這隊讓雞胸肉走路都有風啊!

雞胸漢堡排

2 人份

材料——雞胸肉1塊・洋蔥碎50g・紅蘿蔔碎20g・嫩豆腐1/2塊・
　　　　美生菜絲50g・小番茄適量
麵衣——雞蛋1個・麵包粉50g・牛奶30cc
醬汁——番茄醬50g・醬油膏30g・水50cc・糖1大匙
調味料—鹽1小匙・黑胡椒1/2小匙・義式綜合香料適量

1 雞胸肉切小丁後,用刀背剁成末泥備用。

2 取一玻璃碗,放入雞蛋、麵包粉、牛奶、所有調味料、洋蔥碎、紅蘿蔔碎、嫩豆腐攪拌均勻。

3 再取適量,整型成為雞胸漢堡排圓餅備用。

4 取一鍋,熱鍋後倒入油,放入雞胸漢堡排圓餅,蓋上鍋蓋,燜煎約6分鐘。

5 打開鍋蓋,將雞胸漢堡排圓餅翻面,煎至質地緊實金黃後盛盤。

6 用同鍋,倒入所有醬汁材料,煮到醬汁變濃稠備用。

7 在雞胸漢堡排旁擺上美生菜絲、小番茄,再淋上醬汁即可。

Tips

嫩豆腐雙胞胎好朋友再登場!能有可以互補優缺的朋友乃雞胸肉一大樂事,加熱過程中流失的水分都被嫩豆腐彌補了,肉甜讓豆腐更有味,絕配!

茄子焗烤雞胸肉

4 人份

材料—— 雞胸肉1塊・茄子2根・蒜末20g・玉米筍30g・紅黃甜椒絲各30g
調味料—— 牛奶50cc・鹽1小匙・義大利綜合香料適量・黑胡椒1/2小匙・
　　　　 起司絲50g

1 雞胸肉切厚片。

2 茄子去皮，茄肉切片，放進電鍋中蒸約20分鐘至軟透後，取出倒入玻璃碗中。

3 加入牛奶、鹽、義大利綜合香料、黑胡椒混勻備用。

4 取一鍋，熱鍋後倒入油，放入蒜末炒香。

5 再加入玉米筍、紅黃甜椒絲、雞胸肉，炒到雞胸肉變色。

6 倒入烤盅。

7 淋上做法3的茄肉。

8 鋪上起司絲。

9 烤箱預熱至200°C後，放入茄子焗烤雞胸肉盅，烘烤至起司金黃焦香後即可取出。

Tips

茄子被誤會的好朋友！煮過頭會軟爛變黑的茄子有些人不愛，但蒸透後的軟綿不但可以做成健康焗烤醬，還能保護雞胸肉不乾柴，實在太優秀了。

銀耳雞肉羹

4 人份

材料——雞胸肉1塊・新鮮白木耳100g・
　　　蒜末50g・紅蘿蔔絲30g・
　　　新鮮黑木耳末30g・
　　　捏碎柴魚片5g・香菜3g
調味料——高湯1000cc・鹽1小匙・
　　　白胡椒粉少許・米酒20cc・
　　　糖1小匙

1 雞胸肉切條備用。

2 新鮮白木耳切末備用。

3 取一鍋，熱鍋後倒入油，
放入蒜末炒香。

4 倒入紅蘿蔔絲、高湯、新
鮮白木耳末，煮約15分鐘
至湯汁略為濃稠。

5 再加入鹽、白胡椒粉、米
酒、糖、新鮮黑木耳末、
捏碎柴魚片煮勻。

6 放入雞胸肉，泡煮到肉質
變色緊實Q彈，撒上香菜
即可。

Tips

新鮮白木耳也是你我好朋友！傳統羹湯都需澱粉勾芡，利用新鮮白木耳豐富膳食纖維，
能讓湯頭自然濃滑免勾芡，對你我對雞胸肉都是好朋友啊！

芋籤嫩雞煎粿

4～6人份

材料——雞胸肉1塊・芋頭1個・香菜適量
醃料——五香粉適量・黑胡椒1/2小匙・
　　　　鹽1/2小匙・糖1/2小匙・水適量・
　　　　地瓜粉30g
調味料—白胡椒粉適量・甜辣醬適量

1 雞胸肉切條；芋頭去皮刨絲備用。

2 取一玻璃碗，放入雞胸肉與白胡椒粉拌勻備用。

3 另取一玻璃碗，放入芋頭絲與所有醃料混勻備用。

4 取一鍋，熱鍋後倒入油，放入芋頭絲、雞胸肉，用小火煎約20分鐘。

5 翻面後，煎成金黃後盛盤，再搭配甜辣醬、香菜食用即可。

Tips

芋頭是實實在在的好朋友！雞胸肉需要澱粉保護，芋頭有澱粉，還很多，還很香，還是抗性澱粉，有了芋頭就像大雄有了胖虎保護好安心啊（疑？哪怪怪的）！

起司雞肉春捲

4 人份

材料—— 雞胸肉1塊・地瓜300g・台式春捲皮6張・細蘆筍段100g・
起司絲75g

調味料—— 白胡椒粉少許・鹽1小匙・黑胡椒1/2小匙・義式綜合香料1/2小匙・
麵糊適量（封口用）

1 雞胸肉切片後，放入玻璃
碗中，再加上少許白胡椒
粉略拌備用。

2 地瓜去皮，切片蒸熟備
用。

3 取一玻璃碗，放入地瓜
片、鹽、黑胡椒、義式綜
合香料混勻待涼備用。

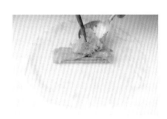

4 取一台式春捲皮，依序放
上細綠蘆筍段、雞胸肉、
地瓜泥、起司絲。

5 春捲皮左右對折後，捲成
春捲狀。

6 春捲皮沾上麵糊並封口
好。

7 取一鍋，熱鍋後倒入油，
放入起司雞胸肉春捲，煎
到兩面金黃酥脆即可。

Tips

篇章頁說的有嫩有滑有澱粉，就是
說這道了！起司受熱後軟滑帶稠，
地瓜蒸透細膩香甜，雞胸肉跟他倆
做朋友想變壞（不好吃）都難啊！
有好朋友太重要啦！

蔥油餅加雞肉蛋

材料—— 雞胸肉1/2塊‧雞蛋1個‧冷凍蔥油餅1片‧白芝麻3g‧柴魚片3g
醬汁—— 醬油膏1大匙‧番茄醬1大匙‧味醂5cc‧水15cc
調味料— 鹽1/2小匙‧黑胡椒少許‧美乃滋20g‧

1 雞胸肉切小丁備用。

2 取一玻璃碗,放入所有醬汁料混勻備用。

3 將雞蛋打散後加入雞胸肉、鹽、黑胡椒拌勻備用。

4 取一鍋,熱鍋後倒入油,放入冷凍蔥油餅,蓋上鍋蓋,用小火燜煎約3分鐘後,打開鍋蓋取出備用。

5 用同鍋,倒入拌勻蛋液,再蓋入煎好的蔥油餅,蓋上鍋蓋,燜煎至雞蛋熟,打開鍋蓋並取出備用。

6 蔥油餅中抹上調勻醬汁。

7 擠上美乃滋,撒入白芝麻、柴魚片即可。

Tips

雞蛋自己才是自己的好朋友(疑)!蛋和雞胸肉同屬動物性蛋白質,且還是同宗血脈,兩者互為表裡,互相提攜非常合情合理。

地瓜葉雞絲羹

材料── 雞胸肉1塊・金針菇1包・地瓜葉300g・薑絲15g・辣椒絲5g
調味料── 白胡椒粉少許・高湯1000cc・鹽1小匙・白胡椒粉1/2小匙・香油5cc

1 雞胸肉切條後,放入玻璃碗中,加入白胡椒粉、香油略拌;金針菇切小段備用。

2 取一鍋,倒入水煮滾後,放入地瓜葉。

3 地瓜葉燙煮至軟後撈起,切成細末備用。

4 取一鍋,熱鍋後放入油,放入薑絲炒香後,再放入金針菇段炒到軟。

5 倒入高湯,煮約2分鐘。

6 再加入地瓜葉、鹽、白胡椒粉煮勻。

7 放入雞胸肉,泡煮至Q彈緊實後盛碗,撒上辣椒絲、滴入香油即可。

Tips

地瓜葉犧牲小我好朋友!地瓜葉有豐富膳食纖維,燙煮到軟再剁細就會有滑稠感,讓雞胸肉免加澱粉也能吃起來滑嫩,為了雞胸肉犧牲這麼大,這朋友不交對嗎?

馬鈴薯煮雞丁

2～4人份

材料——雞胸肉1塊・馬鈴薯1個・罐頭玉米粒30g・辣椒末5g・香菜3g
調味料—白胡椒粉少許・水150cc・黑胡椒1/2小匙・鹽1/2小匙

1 雞胸肉切小丁後，放入玻璃碗中，加上白胡椒粉略拌備用。

2 馬鈴薯洗淨，去皮切小丁備用。

3 取一鍋，熱鍋後倒入油，放入馬鈴薯丁，煎到馬鈴薯略微金黃。

4 倒入罐頭玉米粒炒香。

5 再倒入150cc水、黑胡椒、鹽，蓋上鍋蓋，燜煮3分鐘至湯汁略稠。

6 打開鍋蓋，加入雞胸肉。

7 用筷子不斷翻煮，到雞胸肉Q彈緊實後，放入辣椒末稍煮，再撒入香菜即可。

Tips

馬鈴薯不起眼的好朋友！家常食材馬鈴薯澱粉質含量高，利用其燒煮出來的湯汁煮雞胸肉，就像幫雞胸肉敷面膜一樣，且其維生素C還不會因加熱大量流失，這樣的好友哪兒找啊？

南瓜雞肉咖哩飯

材料—— 雞胸肉1塊・南瓜200g・馬鈴薯1個・四季豆50g・
紅黃甜椒片各50g・蒜末20g・白飯1碗
調味料—— 白胡椒粉少許・薑黃粉1/2小匙・匈牙利紅椒粉1/2小匙・
咖哩粉1大匙・水600cc・鹽1小匙・糖1/2小匙

1 雞胸肉切厚片，放入玻璃碗中，再加入白胡椒粉略醃備用。

2 南瓜去皮，切片蒸熟備用。

3 馬鈴薯洗淨，去皮切小丁；四季豆摘除粗絲，切小段備用。

4 取一鍋，熱鍋後倒入油，放入馬鈴薯丁，煎炒到馬鈴薯略微金黃。

5 再加入紅黃甜椒片、四季豆段炒香後，轉小火。

6 放入薑黃粉、蒜末、匈牙利紅椒粉、咖哩粉炒香。

7 再倒入600cc水，蓋上鍋蓋，滾煮5分鐘。

8 打開鍋蓋，放入蒸熟南瓜泥拌勻，加入鹽、糖調味。

9 再放入雞胸肉，煮到肉質Q彈緊實後盛盤，搭配白飯一起吃即可。

Tips

南瓜不當馬車也可以當好朋友！南瓜質地很細緻，不但能讓咖哩免勾芡就滑口，雞胸肉泡在滿滿南瓜懷抱的湯汁中，慢慢變得白泡泡「幼咪咪」，真是令人羨慕啊！

起司鮮蔬雞柳

2～4人份

材料——雞胸肉1塊・紅蘿蔔絲50g・蔥段15g・洋蔥絲100g・蒜末15g・
　　　　小番茄2顆（切片）・剝皮辣椒末30g・起司絲50g・吐司片2片
調味料—白胡椒粉4g・糖10g・黑胡椒5g・醬油膏2大匙

1 雞胸肉切條後，放入玻璃碗中，再加入白胡椒粉略拌備用。

2 取一玻璃碗，放入所有紅蘿蔔絲、蔥段、洋蔥絲與蒜末拌勻。

3 再倒入糖、黑胡椒、醬油膏混勻醃約30分鐘備用。

4 取一鍋，熱鍋後放入油，放入拌勻蔬菜料，炒到洋蔥略微變軟。

5 鋪上雞胸肉。

6 撒上小番茄片、剝皮辣椒末、起司絲，蓋上鍋蓋，燜煮約5分鐘。

7 打開鍋蓋取出，放在吐司片上即可。

Tips

> 兩肋插刀好朋友！炒軟蔬菜料打底保護雞胸肉不碰到火，上面起司絲則是扛住所有壓力，如此堅定的友誼成就美味雞胸肉，也豐富了肚子與心靈，偉哉。

番茄雞肉義大利麵

2人份

材料——雞胸肉片1塊・天使細麵150g・蒜末20g・月桂葉1片・牛番茄3個・
　　　九層塔3g
調味料——鹽1小匙・橄欖油適量・黑胡椒1/2小匙・番茄醬30g・起司粉適量

1 雞胸肉切片備用。

2 取一鍋，倒入水煮滾後，
放入鹽、天使細麵，煮約
4分鐘至熟後，撈至鋼盆
中，再倒入少許橄欖油拌
勻備用。

3 取一鍋，熱鍋後倒入油，
放入蒜末炒香。

4 再放入月桂葉、黑胡椒、
番茄醬炒香。

5 將牛番茄用手捏碎放入鍋
中。

6 蓋上鍋蓋，轉小火，燜煮
約15分鐘至番茄糊化。

7 打開鍋蓋，轉大火，放入
雞胸肉翻煮至Q彈緊實。

8 放入天使細麵拌勻，撒上
起司粉、九層塔即可。

Tips

番茄讓醫生臉變綠的好
朋友！番茄含水量高，
不加水濃縮燒煮能產生
細滑口感（膳食纖
維），不但讓雞胸肉嫩
甜，還有滿滿茄紅素，
「這那謀呷系如何是好
咧！」

芋泥雞肉末

4人份

材料—— 雞胸肉1塊・茄子1根（去皮切片）・芋頭150g（切丁）・
蒜末15g・蔥花15g

調味料—— 白胡椒粉少許・香油5cc・高湯200cc・鹽1小匙・糖1/2小匙・
白胡椒粉1/2小匙

1 雞胸肉切小丁。

2 放入玻璃碗中，再加入白胡椒粉、香油拌勻備用。

3 取一蒸盤，放入茄子片、芋頭丁，再放進電鍋蒸約30分鐘至軟透後取出，放入玻璃碗中，趁熱壓成泥備用。

4 取一鍋，熱鍋後放入適量香油（份量外），將蒜末炒香。

5 放入茄子芋頭泥，倒入高湯煮勻。

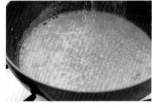

6 加入鹽、糖、白胡椒粉煮至芋頭略微濃稠。

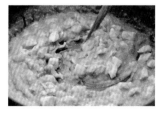

7 再放入雞胸肉，煮至肉質Q彈緊實後盛盤，撒入蔥花即可。

Tips

手牽手我們都是好朋友！人生中很難有機會一群好友不顧一切的挺你，今天雞胸肉不但有還很多，在滿滿澱粉，膳食纖維關懷下長大，肉甜又細緻下飯又健康啊！

Part 3
我怕熱，雞胸肉也一樣

相信怕熱的朋友很多，其實雞胸肉也很怕熱。

酷暑時節走一小段路都會讓人濕透衣衫，我們水分流失可以補，但雞胸肉水分流失，也代表美味流失，很是可惜。

本篇章主在介紹如何利用鍋子外的各種不同和緩加熱方式，試圖讓雞胸肉不要過度受熱、流失水分。當中的「泡煮雞胸肉」更是好用！因這做法的雞胸肉會是微溫帶涼，不會有因熱度後熟影響軟嫩口感的情形發生。

還有，本篇最後一道料理有別於其他99道，是專門針對雞胸肉已經乾柴到底無法救時該怎麼辦？請大家先別偷看，因真的很好吃，怕大家看了就不看其他的做法，這樣會有點對不起雞胸肉喔！

嫩雞潛艇堡

材料——雞胸肉1塊・法國麵包1/2條・美生菜適量・番茄片6片・
乳酪片2片・小黃瓜片1/2條・洋蔥片4片
醬汁——黃芥末醬2大匙・美乃滋3大匙・番茄醬1大匙・黑胡椒少許・
檸檬汁10cc

1 取一鍋，倒入1200cc的水
（份量外）煮滾後，放入
雞胸肉，滾煮2分鐘後關
火。

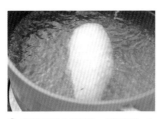

2 靜置到水變涼，將雞胸肉
撈起。

3 雞胸肉用手拆成適口大小
備用。

4 取一玻璃碗，放入所有醬
汁料拌勻。

5 法國麵包對半橫切，抹上
少許奶油，將兩面煎香備
用。

6 取一法國麵包，均勻淋抹
上醬汁。

7 依序放上美生菜、番茄
片、雞胸肉、乳酪片、小
黃瓜片、洋蔥片。

8 再蓋上另外一片麵包。

9 將竹籤固定軟法國麵包
中，切塊即可享用。

Tips

這是另一個雞胸肉好吃重點技法，名為「寬猛並濟美味泡煮法」，
人都喜歡被溫柔對待，雞胸肉也是如此，利用餘溫慢慢讓雞胸肉熟
成，滿滿水分都飽含在肉裡真的大推，拜託務必學起來。

2～3人份

雞胸肉凱薩溫沙拉

材料──雞胸肉1塊・綠花椰菜1株・紅黃甜椒各30g・可樂果適量・起司粉5g
醬料──美乃滋40g・蒜泥5g・黃芥末醬10g・罐頭鮪魚20g
調味料─鹽適量

1 取一鍋，倒入1200cc的水（份量外）煮滾後，放入雞胸肉，滾煮2分鐘後關火。

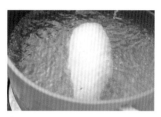

2 靜置到水變涼，將雞胸肉撈起。

3 雞胸肉用手拆成適口大小備用。

4 綠花椰菜切小朵，去掉粗老硬皮備用。

5 紅黃甜椒切片備用。

6 取一玻璃碗，放入所有醬料混勻。

7 取一鍋，倒入適量的水煮滾後，放入鹽、綠花椰菜、紅黃甜椒燙熟後，撈起盛盤。

8 將雞胸肉絲鋪在燙熟的綠花椰菜、紅黃甜椒中。

9 淋入醬料拌勻，再放上可樂果、起司粉即可。

Tips

傳統凱薩醬需要鯷魚提味，其實家常罐頭鮪魚也可取代做出近似風味，更好取得更方便喔。

4 人份

酪梨沙拉

材料──雞胸肉1塊・酪梨200g・玉米粒50g・乳酪丁1片・法國麵包1/2條・
　　　牛番茄片6個・剝皮辣椒片20g

調味料─鹽1小匙・黑胡椒1/2小匙・檸檬汁10cc・橄欖油少許・鹽少許

1 取一鍋，倒入1200cc的水
（份量外）煮滾後，放入
雞胸肉，滾煮2分鐘後關
火。

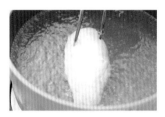

2 靜置到水變涼，將雞胸肉
撈起。

3 雞胸肉用手拆成適口大小
備用。

4 將酪梨取出果肉，加入1
小匙鹽、黑胡椒、檸檬汁
與玉米粒、乳酪丁、雞胸
肉均勻混合備用。

5 法國麵包切片。

6 淋上少許的橄欖油、鹽。

7 再放入鍋中，煎到表面微
金黃，取一法國麵包，放
上牛番茄片、拌勻酪梨、
剝皮辣椒片即可。

Tips

追加好朋友酪梨！豐富油脂
細嫩香滑，搭配雞胸肉做成
沙拉很百搭，郊遊露營，帶
便當開派對都很ＯＫ喔！

雞肉飯

4人份

材料——雞胸肉1塊・油蔥酥10g・五香豬肉乾30g・白飯2碗
醃小黃瓜—小黃瓜2條（切片）・鹽1/2小匙・糖1/2小匙
調味料——鹽1/2小匙・白胡椒粉1/2小匙

1 取一碗，放入雞胸肉，倒入適量的水至蓋過雞胸肉。

2 放入油蔥酥、五香豬肉乾。

3 放進電鍋蒸煮10分鐘後，拔掉插頭，續燜10分鐘取出，雞湯留著備用。

4 用叉子將雞胸肉拆絲備用。

5 小黃瓜切片，放入塑膠袋中，加入鹽、糖搖晃拌勻，靜置約20分鐘，擠出多餘的水分備用。

6 做法3的雞湯中加入鹽、白胡椒粉調味。

7 取一碗，放入白飯、雞胸肉，淋上雞肉湯汁，撒上醃小黃瓜片、油蔥酥即可。

> **Tips**
>
> 這也是重點技法（你也太多重點技法），名為「間接給予關懷與愛蒸煮法」，蒸氣加熱本來就很溫和，隔著水讓熱度更緩和透入熟成，雞胸肉一樣嫩又好吃，加上豬肉乾好吃到有點犯規啊！

蒸蛋佐香麻雞胸肉

2~4
人份

材料——雞胸肉1塊・雞蛋2個
醬汁——辣油1小匙・香油1小匙・花椒粉1/2小匙・白醋10cc・蔥花10g・
　　　　糖5g・蒜末15g
調味料—白胡椒粉少許・太白粉1/2小匙・水150cc・鹽1/2小匙

1 取一碗，放入雞胸肉，倒
入適量的水、白胡椒粉至
蓋過雞胸肉。

2 放進電鍋蒸煮10分鐘後，
拔掉插頭，續燜10分鐘後
取出。

3 用叉子將雞胸肉拆絲備
用。

4 將雞蛋打散，倒入混合好
的太白粉水、鹽攪拌均
勻。

5 放進電鍋中，蒸約12分鐘
取出備用。

6 取一玻璃碗，放入所有醬
汁料混勻。

7 再放入雞胸肉、30cc雞湯
調勻。

8 蒸蛋上放入香麻雞胸肉即
可。

Tips

蒸蛋熟成與否可用
晃動容器來判斷，
若中心點處還會水
水的樣子，就是還
沒熟喔！

小黃瓜沙拉船 3～4 人份

材料──雞胸肉1塊・小黃瓜2條・蒜味花生碎30g
調味料──白胡椒粉適量・美乃滋30g・檸檬汁10cc・鹽1/2小匙・
　　　　黑胡椒1/2小匙・罐頭鮪魚20g・七味辣椒粉適量

1 取一碗，放入雞胸肉，倒入適量的水、白胡椒粉至蓋過雞胸肉。

2 放進電鍋，蒸煮10分鐘後，拔掉插頭，續燜10分鐘後取出。

3 用叉子將雞胸肉拆絲備用。

4 小黃瓜對半橫切，用小湯匙刮除瓜囊，切成適口大小。

5 取一玻璃碗，放入雞胸肉，再加入美乃滋、檸檬汁、鹽、黑胡椒、罐頭鮪魚拌勻。

6 填至小黃瓜凹槽內，再撒上蒜味花生、七味辣椒粉即可。

Tips

1 美乃滋是很好的媒介，柔化雞胸肉與小黃瓜，香甜微酸滋味也很對味。
2 可用優格取代美乃滋更健康喔。

三角飯糰

材料——雞胸肉1塊·醃梅5顆·白飯2碗·海苔片4片
調味料—白胡椒粉適量·白芝麻5g·鹽少許

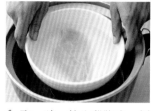

1 取一碗，放入雞胸肉，倒入適量的水、白胡椒粉至蓋過雞胸肉，放進電鍋，蒸煮10分鐘後，拔掉插頭，續燜10分鐘後取出。

2 用叉子將雞胸肉拆絲備用。

3 用刀子將醃梅切碎備用。

4 醃梅放入雞胸肉絲拌勻備用。

5 白飯加入白芝麻、鹽拌勻。

6 雙手沾少許水，取適量的白飯攤平。

7 放入適量混合好的醃梅雞胸肉。

8 用雙手捏成三角形。

9 取一鍋，熱鍋後倒入油，放入三角飯糰，煎到兩面金黃取出，再搭配海苔片食用即可。

Tips

醃梅酸甜夠味，咬到時在口中蹦出的酸香過癮又開胃，也可用任何喜歡的酸甜蜜餞取代喔。

雞胸涼拌冬粉

材料——冬粉2把．雞胸肉1塊
醬汁——蒜末15g．辣椒末10g．香菜5g．醬油膏1.5大匙．糖10g．白醋15cc．
　　　黑胡椒1/2小匙．花椒粉1/2小匙
調味料—白胡椒粉適量

1 冬粉泡冷水30分鐘備用；取一碗，放入雞胸肉，倒入適量的水、白胡椒粉至蓋過雞胸肉。

2 放進電鍋，蒸煮10分鐘後，拔掉插頭，續燜10分鐘後取出，雞湯留著備用。

3 用叉子將雞胸肉拆絲備用。

4 取一玻璃碗，放入所有醬汁料；取做法2的50cc雞湯拌勻備用。

5 取一鍋，倒入水煮滾後，放入冬粉，燙煮至變色撈起。

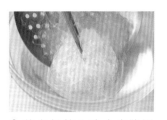

6 將冬粉放入冷水中降溫後，立刻撈起瀝乾。

7 再將冬粉倒入醬汁攪拌後盛盤。

8 放入雞胸肉拌勻即可。

Tips

和雞胸肉一起蒸煮的水最後也變成高湯，可應用於任何料理中，一舉兩得。

泡煮嫩雞手捲

材料——雞胸肉1塊・美生菜葉適量・高麗菜絲30g・白芝麻10g・海苔片3張
調味料—鹽少許・美乃滋30g・黃芥末醬5g・檸檬汁5cc・蜂蜜5g・
　　　　七味辣椒粉適量

1 取一鍋，倒入1200cc的水（份量外）煮滾後，放入雞胸肉，滾煮2分鐘後關火。

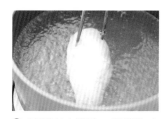

2 靜置到水變涼，將雞胸肉撈起。

3 將雞胸肉用手拆成適口的大小備用。

4 美生菜葉洗淨後，和高麗菜絲一起泡水15分鐘後，瀝乾水分。

5 白芝麻略微壓破，加入少許鹽拌勻。

6 取玻璃碗，放入雞胸肉，擠入美乃滋、黃芥末醬、檸檬汁、蜂蜜混勻。

7 取一海苔片，放上美生菜葉、高麗菜絲、白芝麻鹽。

8 再放上拌勻的雞胸肉，海苔片捲成手捲狀，撒上七味辣椒粉即可。

Tips

再重複一次重點技法名稱「寬猛並濟美味泡煮法」，用餘溫慢慢熟成的雞胸肉真的好美味啊！

4~6 人份

嫩雞鮮蔬捲

材料——雞胸肉1塊・蘋果1個・小黃瓜1條・紅蘿蔔100g・美生菜葉8片・越南春捲皮8張

醬汁——蒜末5g・辣椒末5g・魚露20cc・糖1.5小匙・檸檬汁10cc・水30cc

1 取一鍋，倒入1200cc的水（份量外）煮滾後，放入雞胸肉，滾煮2分鐘後關火。

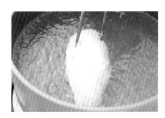

2 靜置到水變涼，將雞胸肉撈起。

3 雞胸肉用手拆成適口的大小備用。

4 將蘋果、小黃瓜、紅蘿蔔分別切成細絲後，和美生菜葉一起泡冰水10分鐘，撈起瀝乾備用。

5 取一玻璃碗，放入所有醬汁料調勻備用。

6 取一越南春捲皮，略微用水沾濕。

7 依序放上美生菜葉、小黃瓜絲、紅蘿蔔絲、蘋果絲、雞胸肉。

8 越南春捲皮左右對折，再捲成捲狀後，可以搭配醬汁沾食即可。

Tips

越南春捲皮需要水，但不要沾太久沾太多（會變太軟不好包），兩面各沾一下就可以囉！

馬鈴薯雞肉沙拉

材料──雞胸肉1塊‧馬鈴薯2個‧迷迭香適量‧小黃瓜丁50g‧玉米粒50g‧
　　　美生菜葉適量

調味料─無鹽奶油15g‧牛奶30cc‧鹽1/2小匙

1 取一鍋，倒入1200cc的水（份量外）煮滾後，放入雞胸肉，滾煮2分鐘後關火。

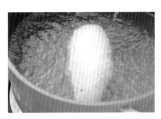

2 靜置到水變涼，將雞胸肉撈起。

3 雞胸肉用手拆成適口大小備用。

4 將馬鈴薯去皮，放進電鍋中，蒸約30分鐘至軟透取出，趁熱壓碎。

5 加入無鹽奶油、牛奶、鹽、迷迭香攪打至薯泥黏滑待涼。

6 再放入小黃瓜丁、玉米粒、雞胸肉拌勻。

7 取一美生菜葉，包入馬鈴薯雞肉沙拉即可。

Tips

融和澱粉、奶油、牛奶無比細膩的馬鈴薯泥，搭配雞胸肉真是絕美，但切記要等薯泥變涼再加雞胸肉，雞胸肉很怕熱喔。

2～4人份

口水香雞絲

材料——雞胸肉1塊‧剝皮辣椒2根（切末）小黃瓜2條‧蒜味花生碎30g‧
香菜3g‧辣椒1根（切片）
調味料—A.芝麻醬1大匙‧水1大匙
B.醬油2大匙‧白醋1/2大匙‧糖2小匙‧辣油1大匙‧花椒粉適量

1 取一鍋，倒入1200cc的水（份量外）煮滾後，放入雞胸肉，滾煮2分鐘後關火。

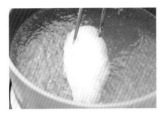

2 靜置到水變涼，將雞胸肉撈起。

3 雞胸肉用手拆成適口大小備用。

4 取一玻璃碗，放入芝麻醬、1大匙水，調至醬濃香滑後，加入剝皮辣椒末與所有調味料B調勻。

5 將小黃瓜拍裂切段。

6 取一盤，先將小黃瓜鋪底。

7 依序放上雞胸肉。

8 淋上調好的醬汁，再放入蒜味花生碎、香菜、辣椒片即可。

Tips

芝麻醬細滑濃郁，遊走在每一絲雞胸肉中，搭上肉香清甜真是絕配啊！

2~4
人份

香麻手撕雞

材料──雞胸肉1塊・蘋果1個・小黃瓜2條・蒜末20g・辣椒絲1根
調味料──醬油1.5大匙・白醋1.5大匙・糖1小匙・香油5cc・
　　　　白胡椒粉1/2小匙・花椒粉適量・匈牙利紅椒粉1/2小匙

1 取一鍋，倒入1200cc的水
（份量外）煮滾後，放入
雞胸肉，滾煮2分鐘後關
火。

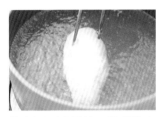

2 靜置到水變涼，將雞胸肉
撈起，雞湯留著備用。

3 雞胸肉用手拆成適口大小
備用。

4 將蘋果去皮，切細條；小
黃瓜切細條備用。

5 取一玻璃碗，放入蒜末，
加入所有調味料。

6 再倒入少許雞湯調勻。

7 另取一玻璃碗，放入雞胸
肉、蘋果條、小黃瓜條，
淋入調好的蒜末湯汁拌勻
盛盤，擺上辣椒絲拌勻即
可。

Tips

蘋果脆口酸爽，可解膩提味更能
讓雞胸肉甜味有層次，也可用水
梨或芭樂取代。

4 人份

水煮蛋沙拉

材料——雞胸肉1塊・雞蛋4個・美生菜絲適量・蜜汁肉乾丁20g・
小豆苗適量
調味料——A.醋適量・鹽適量
B.美乃滋30g・鹽1/2小匙・白胡椒粉少許

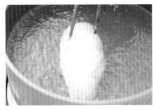

1 取一鍋，倒入1200cc的水（份量外）煮滾後，放入雞胸肉，滾煮2分鐘後，靜置到水變涼，將雞胸肉撈起。

2 雞胸肉用手拆成適口大小備用。

3 取一鍋，放入雞蛋，加入適量的水，蓋過雞蛋約1公分。

4 加入適量的醋、鹽，邊煮邊用筷子慢慢攪拌至水滾後，轉中小火。

5 再煮約8分鐘取出，泡冷水至涼，剝殼即為水煮蛋。

6 水煮蛋對半切，取出蛋黃。

7 將蛋黃過篩後，加入所有調味料B與雞胸肉，拌勻備用。

8 取一盤，鋪入美生菜絲、蛋白，放上適量拌勻雞蛋沙拉。

9 放上蜜汁肉乾丁，再擺上小豆苗即可。

Tips

蛋黃過篩後質地變更細緻，滿佈在雞胸肉肌里之間，清甜肉味點上香濃風味很迷人啊！

黑胡椒番茄蒸雞

2人份

材料——雞胸肉1塊・小番茄10顆・
　　　　玉米筍50g・蒜末15g・香菜3g
調味料——醬油膏1大匙・米酒10cc・
　　　　黑胡椒1/2小匙

1 雞胸肉切塊備用。

2 小番茄對切；玉米筍切段
備用。

3 取一玻璃碗，放入所有調
味混勻。

4 再放入雞胸肉、小番茄、
玉米筍、蒜末、香菜拌
勻。

5 取一蒸盤，倒入拌好的雞
胸肉塊鋪平。

6 再放進電鍋中，蒸約8分
鐘後取出即可。

Tips

所有食材務必鋪平，才能確保熟成一致，並利用蒸煮，雞胸肉也不易受熱過度。

雞胸肉蒸蛋白

（2～3 人份）

材料──雞胸肉1塊・蛋白2個・
　　　　辣椒末5g・蔥花5g
醬汁──醬油10cc・香油5cc・水50cc
調味料─牛奶20cc・鹽少許・高湯150cc

1 雞胸肉切塊。

2 放入玻璃碗中，加入牛奶
　略醃備用。

3 將蛋白打散，加入鹽、高
　湯，與雞胸肉拌勻，倒入
　盤中。

4 放進電鍋中，蒸約10分鐘
　後取出備用。

5 取一玻璃碗，放入所有醬
　汁料拌勻後，淋入雞胸肉
　蒸蛋，撒上辣椒末、蔥花
　即可。

> **Tips**
>
> 製作這道料理時盡
> 量不要選太深的盤
> 子，最好是蛋白液
> 剛好淹到雞胸肉就
> 好，才能確保雞胸
> 肉熟到剛剛好。

五花肉捲小里肌

2~4
人份

材料——小里肌150g・火鍋五花肉片8片・薑絲10g・蔥花10g
醬汁——醬油20cc・味醂15cc・糖10g・水少許
調味料—鹽1/2小匙・白胡椒粉少許・七味辣椒粉適量

1 小里肌用刀背將筋拉除。

2 放入玻璃碗中,再加入鹽、白胡椒粉調味。

3 放入火鍋五花肉片中捲好。

4 取一鍋,熱鍋後放入薑絲、五花肉捲,蓋上鍋蓋,用外圈小火燜煎約4分鐘。

5 打開鍋蓋,翻面煎至五花肉捲表面呈金黃。

6 煎好後盛盤。

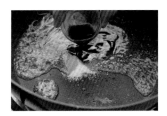

7 用同鍋,倒入醬油、味醂、糖、水煮勻成醬汁。

8 淋入肉捲中,撒上蔥花、七味辣椒粉即可。

Tips

既然雞胸肉怕熱,就找不怕熱的五花肉來幫忙,五花肉煎到焦脆還能濾出多餘油脂,美味又健康。

高麗菜捲

4～6 人份

材料——生豆包5片・雞胸肉1塊・高麗菜葉5片・泡發好乾香菇絲50g・
紅蘿蔔絲50g・薑末15g

調味料——醬油10cc・糖5g・水少許・辣味豆腐乳1塊・太白粉少許

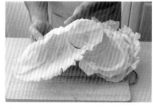

1 生豆包撕成粗條；雞胸肉切條；高麗菜葉洗淨，放入冷凍庫冷凍至硬，取出退冰至回軟。

2 用刀子去高麗菜葉梗備用。

3 取一鍋，倒入油，放入生豆包炒香。

4 放入泡發好的乾香香菇絲、紅蘿蔔絲、薑末、雞胸肉炒香。

5 再加入醬油、糖、水、辣味豆腐乳拌炒均勻後備用。

6 取出高麗菜葉攤平，放上炒好的雞胸肉，高麗菜葉左右對折，捲成捲狀並包緊。

7 放入蒸盤中，用蒸鍋以大火蒸8分鐘後取出。

8 將盤中湯汁倒至鍋子中煮滾後，加入太白粉拌勻煮勻。

9 淋在高麗菜捲上即完成。

Tips

高麗菜葉洗淨，放入冷凍庫冷凍至硬，取出退冰至回軟使用，可以省去汆燙步驟。

蒜香奶油高麗菜捲

4～6人份

材料——高麗菜葉3片・雞胸肉1塊・德國香腸1根・蒸熟芋頭泥150g・
蒜末15g

調味料——牛奶15cc・鹽少許・黑胡椒適量・市售奶油濃湯塊1塊

1 高麗菜葉洗淨，放入冷凍庫冷凍至硬，取出退冰至回軟。

2 用刀子去高麗菜葉梗備用。

3 雞胸肉切塊後，放入玻璃碗中，加入牛奶略醃；德國香腸切小丁備用。

4 取一玻璃碗，放入蒸熟芋頭泥、德國香腸丁、蒜末、鹽、黑胡椒、雞胸肉拌勻即為內餡備用。

5 取出高麗菜葉，鋪上適量內餡。

6 將高麗菜葉左右對折後捲好，放進電鍋中，蒸約10分鐘取出。

7 將盤中湯汁倒至鍋子中煮滾後，加入市售奶油濃湯塊煮勻。

8 淋在高麗菜捲上即可。

> **Tips**
>
> 牛奶也是動物性蛋白質，用來醃雞胸肉更能完全完整，全面的填補雞肉肌里，蒸熟後雞胸肉會多汁又軟嫩喔！

山藥雞肉煎蛋

材料——雞胸肉1/2塊・日本山藥50g・四季豆50g・雞蛋3個・蜜汁肉乾丁50g
調味料——牛奶30cc・鹽1/2小匙・白胡椒粉少許

1 雞胸肉切小丁；日本山藥磨成泥；四季豆切小丁備用。

2 取一玻璃碗打入雞蛋。

3 放入雞胸肉、四季豆丁、牛奶、鹽、白胡椒粉、日本山藥泥拌勻備用。

4 取一鍋，熱鍋後倒入做法3，蓋上鍋蓋，轉外圈小火，燜煎至雞蛋凝固熟後，打開鍋蓋後取出。

5 撒上蜜汁肉乾丁。

6 用竹簾將山藥雞胸肉煎蛋捲好。

7 放涼切塊後即可享用。

Tips

蓋上鍋蓋，轉外圈小火，燜煎可讓蛋白質地細緻和緩的加熱，也能讓雞胸肉變嫩甜好吃。

番茄雞肉盅

4～6 人份

材料——雞胸肉1塊・牛番茄3個・
　　　　九層塔5g・四季豆30g・蒜末10g
調味料——黑胡椒1/2小匙・橄欖油10cc・
　　　　鹽1/2小匙

1 雞胸肉切小丁備用。

2 牛番茄切厚片；九層塔切
　細末；四季豆切小丁備
　用。

3 取一玻璃碗，放入雞胸
　肉、蒜末、四季豆丁、九
　層塔末與所有調味混勻備
　用。

4 取一鍋，熱鍋後倒入油，
　放入番茄厚片，用中火將
　番茄煎到微焦香後翻面。

5 轉小火，放上已拌勻的雞
　胸肉料，蓋上鍋蓋，燜煎
　約4分鐘至雞胸肉熟。

6 打開鍋蓋即可取出裝盤。

Tips

這是另一重點技法（還來！）名為「我墊底妳美麗蒸煮法」，放在番茄上利用熱循環燜
蒸，可讓雞胸肉慢慢熟成嫩又好吃，在此特別感謝番茄為雞胸肉的付出。

絲瓜清燴雞胸肉 2~4 人份

材料——雞胸肉1塊・絲瓜1條・枸杞3g
醬料——罐頭鮪魚30g・薑末15g・
　　　　白胡椒粉適量・鹽1/2小匙

1 雞胸肉切條備用。

2 將絲瓜去皮切粗條；枸杞用水泡軟備用。

3 取一玻璃碗，放入所有醬料調勻備用。

4 取一鍋，熱鍋後倒入油，放入絲瓜粗條，煎到表面微焦香。

5 鋪上雞胸肉，再加入少許水，蓋上鍋蓋，燜煮約3分鐘。

6 打開鍋蓋，倒入醬料炒勻盛盤，並撒上枸杞即可。

Tips

一樣利用到「我墊底妳美麗蒸煮法」，雞胸肉放在絲瓜上被蒸氣間接煮熟已經很好吃，
搭配絲瓜水一起食用甜味也加倍。

歐姆風嫩雞滑蛋

材料——雞胸肉1塊・雞蛋4個・燙熟綠花椰菜適量
調味料——牛奶50cc・鹽1小匙・起司絲50g・番茄醬適量・油少許・
　　　　　無鹽奶油10g

1 雞胸肉切條後，放入玻璃碗中。

2 倒入牛奶略醃備用。

3 取一玻璃碗，放入將雞蛋打散，加入雞胸肉、鹽、起司絲拌勻備用。

4 取一鍋，熱鍋後放入少許油、無鹽奶油與做法3的雞胸肉蛋液。

5 用筷子邊煎邊撥散翻動，待蛋液呈現半凝固狀態。

6 煎好後盛盤。

7 擠上番茄醬，擺入燙熟綠花椰菜即可。

Tips

蛋液煮到軟熟時質地紮實蓄熱性也高，利用滑蛋本身的溫度就能讓雞胸肉不被過度加熱，熟到剛好。

香蒜油炒雞絲

4 人份

材料——雞胸肉1塊・法國麵包1/2條・
　　　　蒜末20g・蔥花5g・辣椒末5g
調味料——橄欖油75cc・鹽1/2小匙

1 雞胸肉切條備用。

2 法國麵包切片備用。

3 取一鍋,熱鍋後倒入橄欖油,放入蒜末、蔥花,用小火慢慢把蒜煸到微微金黃。

4 放入雞胸肉、鹽拌炒到肉絲變色。

5 加入辣椒末略拌即可起鍋,並搭配法國麵包享用。

Tips

油的保溫性好,利用油溫,將雞胸肉泡熟後肉質變好吃,同時油也可以保護肉的水分不流失。

香煎鹹蛋糕

4 人份

材料──雞胸肉1塊・日本山藥100g・
　　　雞蛋5個・油蔥酥30g・
　　　蔥花15g・肉鬆30g・白芝麻5g
調味料──鹽1小匙・白胡椒粉1/2小匙

1 雞胸肉切小丁；日本山藥
磨成泥備用。

2 取一玻璃碗，打入雞蛋，
放入雞胸肉、日本山藥
泥、油蔥酥、蔥花、鹽、
白胡椒粉拌勻備用。

3 取一鍋，熱鍋後倒入油，
倒入做法2的雞胸肉蛋
液，蓋上鍋蓋，用外圈小
火燜煎至蛋液凝固。

4 打開鍋蓋取出裝盤，撒上
肉鬆與白芝麻。

5 對半切，再切成4塊即
可。

Tips

日本山藥的澱粉豐
富，質地鮮緻，可
以使鹹蛋糕變厚
實，也會讓雞胸肉
變更細緻好吃。

清蒸白菜雞胸肉

材料——雞胸肉1塊・包心白菜1/2個・薑片20g・香菇片50g・紅蘿蔔片20g・
魷魚絲2片・香菜5g
調味料——米酒20cc・鹽適量・白胡椒粉適量

1 雞胸肉切厚片備用。

2 包心白菜洗淨切片備用。

3 取一鍋，熱鍋後倒入油，放入薑片炒香。

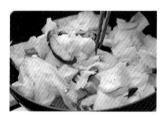

4 加入包心白菜、香菇片、紅蘿蔔片炒到微焦香。

5 加入500cc的水（份量外）、魷魚絲，蓋上鍋蓋，燜煮15分鐘。

6 打開鍋蓋，轉小火，放入雞胸肉泡煮到肉色變白後關火。

7 再倒入米酒、鹽、白胡椒粉調味，撒上香菜即可。

Tips

也是利用「我墊底妳美麗蒸煮法」，蒸煮的同時肉甜慢慢滲入菜甜裡，湯汁拌飯很正點，今天特別加的魷魚絲還能增添鮮美韻味更是讚。

絲瓜雞肉燉飯

材料——雞胸肉1塊・絲瓜1/2條・蒜末20g・紅黃甜椒丁各30g・
德國香腸丁1根・白飯1碗・蒜味花生碎30g
調味料——牛奶20cc・鹽適量・白胡椒粉適量

1 雞胸肉切條。

2 放入玻璃碗中,加入牛奶
略醃備用。

3 絲瓜去皮切條備用。

4 取一鍋,熱鍋後倒入油,
放入絲瓜炒到香。

5 加入蒜末、紅黃甜椒丁、
德國香腸丁炒香。

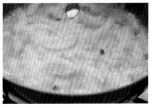

6 再倒入200cc水(份量
外),蓋上鍋蓋,燜煮3
分鐘,打開鍋蓋,加入
鹽、白胡椒粉調味。

7 放入白飯、雞胸肉拌,煮
至肉色變白盛盤,再撒上
蒜味花生碎即可。

Tips

這又是另一重點技法,名為「怕熱
的最後下料理法」,因當所有食材
都已熟成,我們只要抓準雞胸肉熟
度就好,可避免過度加熱的狀況發
生,另外利用絲瓜滑口取代乳製品
做燉飯,清爽又美味喔!

香煎雞片豆腐

材料——雞胸肉1/2塊・板豆腐1塊・香菜5g
醬汁——鹽適量・蒜末10g・薑末5g・辣椒末5g・醬油1大匙・糖1小匙・
　　　　香油5cc・水15cc

1 雞胸肉切片。

2 板豆腐切厚片。

3 板豆腐厚片撒上適量鹽，
靜置約10分鐘出水後，將
表面水分擦乾備用。

4 取一玻璃碗，放入蒜末、
薑末、辣椒末、醬油、
糖、香油、水混勻備用。

5 取一鍋，熱鍋後倒入油，
放入板豆腐，煎到焦香後
翻面。

6 轉小火，放入雞胸肉，蓋
上鍋蓋，燜煎到雞胸肉色
變白。

7 打開鍋蓋盛盤，淋上蒜薑
辣椒醬汁，再撒上香菜即
可。

Tips

「我墊底妳美麗蒸煮法」真的很
好用，且也不是單方面犧牲墊底
食材喔！肉甜會慢慢釋出，佈滿
豆腐表面，魚幫水水幫魚大概就
是這意思吧！^^。

台式酒蒸蛤蜊

2~4 人份

材料──雞胸肉1/2塊・蛤蜊100g・嫩豆腐1/2塊・薑絲10g・蔥花10g
調味料──鹽水適量・米酒30cc

1 雞胸肉切片；蛤蜊泡鹽水
　吐沙2小時；嫩豆腐切片
　備用。

2 取一蒸盤，放入嫩豆腐片
　鋪底。

3 鋪上雞胸肉。

4 再放上蛤蜊。

5 撒上薑絲、蔥花。

6 淋上米酒。

7 放進電鍋中，蒸約10分鐘
　至開殼後即可取出。

Tips

這算是「我墊底妳美麗蒸煮法」
的變化版，掌握邏輯換用電鍋蒸
煮一樣很OK，今天再加碼蛤蜊
鮮美，只能說墊底的豆腐他墊的
好開心啊！

雞絲炒飯

2人份

材料——雞胸肉1塊・白飯1碗・蛋黃1個・薑末10g・蔥花15g・辣椒末5g
調味料——香油少許・鹽1/2小匙・白胡椒粉適量・醬油10cc・米酒15cc・
香油5cc

1 雞胸肉切條備用。

2 白飯放入蛋黃，淋入少許香油拌勻備用。

3 取一鍋，熱鍋後倒入油，放入薑末炒香。

4 再放入拌勻白飯，用大火持續翻炒到飯粒鬆散。

5 加入鹽、白胡椒粉調味，倒入醬油嗆香。

6 再加入米酒、香油，放入雞胸肉，翻炒到雞胸肉變白關火。

7 最後放入蔥花、辣椒末炒勻即可。

Tips

> 這算是「怕熱的最後下料理法」的究極用法，飯炒好後再下雞胸肉，利用炒飯溫度讓雞胸肉熟成，雞胸肉肉汁也被炒飯吸收，一切就是這麼完美啊（拭淚）。

2 人份

脆香雞肉茶泡飯

材料——熟雞胸肉100g・綠茶包1包・白飯1碗・蔥花適量・香鬆適量・
海苔片適量
調味料—鹽適量・白胡椒粉適量

1 將熟雞胸肉拆小塊備用。

2 取一鍋，熱鍋後倒入油、
熟雞胸肉，煎炒到胸肉酥
脆香後起鍋備用。

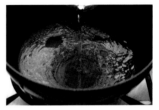

3 用同鍋，倒入600cc水
（份量外），煮至滾後關
火。

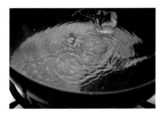

4 放入綠茶包浸泡出味，加
入鹽、白胡椒粉調味備
用。

5 取一碗，放入白飯，淋入
茶湯。

6 放上雞胸肉。

7 再撒上蔥花、香鬆、海苔
即可。

Tips

這是最後大絕招了，如果雞胸肉
已經很乾柴那就讓她柴到底吧！
柴到底就成為風格了！煸到酥脆
香的雞胸肉非常唰嘴很受歡迎，
山不轉路轉，雞胸肉是這樣，人
生也應該這樣（握）！

本書使用食材與相關料理一覽表

（依筆畫多寡排列，不含雞胸肉與一般調味料）

——— 肉＆海鮮———

小里肌
香煎小里肌 P98
五花肉捲小里肌 P186
火鍋五花肉片
五花肉捲小里肌 P186
蛤蜊
台式酒蒸蛤蜊 P206
豬絞肉
麻婆雞丁 P54
雞胸骨架
雞胸肉清湯 P42

——— 奶蛋＆豆製品 ———

牛奶
雞肉蛋熱狗堡 P68
香雞煎蛋捲 P72
果香雞肉烤柳橙 P86
蒜香雞肉拉麵 P114
山藥起司烤蛋 P116
雞胸漢堡排 P132
茄子焗烤雞胸肉 P134
馬鈴薯雞肉沙拉 P176
雞胸肉蒸蛋白 P185
蒜香奶油高麗菜捲 P190
山藥雞肉煎蛋 P192
歐姆風嫩雞滑蛋 P196
絲瓜雞肉燉飯 P202
市售奶油濃湯塊
蒜香奶油高麗菜捲 P190
皮蛋
皮蛋醬嫩白肉 P56
皮蛋雞片粥 P60
乳酪丁
酪梨沙拉 P160
乳酪片
嫩雞潛艇堡 P156
板豆腐
茄汁雞肉丸 P40
香煎雞片豆腐 P204
生豆包
剝皮辣椒豆皮 P80
高麗菜捲 P188
腐皮
古早味洋蔥雞捲 P82
起司粉
番茄雞肉義大利麵 P150
雞胸肉凱薩溫沙拉 P158
起司絲
雞肉蛋熱狗堡 P68

果香雞肉烤柳橙 P86
起司鮮蔬雞排 P92
自己壓三明治 P104
山藥起司烤蛋 P116
茄子焗烤雞胸肉 P134
起司雞肉春捲 P138
起司鮮蔬雞柳 P148
歐姆風嫩雞滑蛋 P196
嫩豆腐
豆腐嫩雞煎蛋 P128
雞胸漢堡排 P132
台式酒蒸蛤蜊 P206
優格
優格雞肉蘇打餅乾 P110
雞蛋
宮保雞丁 P32
茄汁雞肉丸 P40
鹹酥雞 P46
和風嫩雞蒸蛋 P64
炸雞柳 P59
雞肉蛋熱狗堡 P68
黑胡椒嫩雞炒烏龍 P69
香雞煎蛋捲 P72
雞蓉玉米粥 P84
芝麻雞肉煎餅 P85
山藥起司烤蛋 P116
瓠瓜煎餅 P124
豆腐嫩雞煎蛋 P128
雞胸漢堡排 P132
蔥油餅加雞肉蛋 P140
蒸蛋佐香麻雞胸肉 P164
水煮蛋沙拉 P182
雞胸肉蒸蛋白 P185
山藥雞肉煎蛋 P192
歐姆風嫩雞滑蛋 P196
香煎鹹蛋糕 P199
雞絲炒飯 P208

——— 蔬果類 ———

小豆苗
水煮蛋沙拉 P182
小番茄
番茄塔香炒雞丁 P36
雞肉暖莎莎醬 P90
香煎厚片雞肉 P94
香煎小里肌 P98
綠花椰菜嫩雞暖沙拉 P108
雞胸漢堡排 P132
起司鮮蔬雞柳 P148
黑胡椒番茄蒸雞 P184
小黃瓜

雞肉蛋熱狗堡 P68
脆皮雞肉春捲 P73
黃瓜拌雞絲 P102
三色丼飯 P106
嫩雞潛艇堡 P156
雞肉飯 P162
小黃瓜沙拉船 P166
嫩雞鮮蔬捲 P174
馬鈴薯雞肉沙拉 P176
口水香雞絲 P178
香麻手撕雞 P180
牛番茄
番茄雞肉義大利麵 P150
酪梨沙拉 P160
番茄雞肉盅 P194
日本山藥
果香雞肉烤柳橙 P86
山藥起司烤蛋 P116
山藥雞肉丼 P130
山藥雞肉煎蛋 P192
香煎鹹蛋糕 P199
包心白菜
清蒸白菜雞胸肉 P200
四季豆
脆皮雞肉餛飩 P75
南瓜雞肉咖哩飯 P146
山藥雞肉煎蛋 P192
番茄雞肉盅 P194
玉米
玉米雞肉鍋貼 P76
雞蓉玉米粥 P84
酪梨沙拉 P160
馬鈴薯雞肉沙拉 P176
玉米筍
豆豉蒸雞胸 P47
咖哩雞肉水餃 P78
鹹水蒸雞丁 P100
茄子焗烤雞胸肉 P134
黑胡椒番茄蒸雞 P184
地瓜
起司雞肉春捲 P138
地瓜葉
地瓜葉雞絲羹 P142
芋頭
芋簽嫩雞煎粿 P137
芋泥雞肉末 P152
蒜香奶油高麗菜捲 P190
奇異果
優格雞肉蘇打餅乾 P110
芹菜
雞絲拌米粉 P112
金針菇

辣醬蒸茄 P70
果香雞肉烤柳橙 P86
雞肉滷肉飯 P96
鮮蔬雞絲夾燒餅 P122
滑菇拌飯醬 P126
地瓜葉雞絲羹 P142
南瓜
咖哩雞肉水餃 P78
南瓜雞肉咖哩飯 P146
柳橙
果香雞肉烤柳橙 P86
洋蔥
咖哩炒雞柳 P34
茄汁雞肉丸 P40
黑胡椒雞柳 P41
古早味洋蔥雞捲 P82
雞肉暖莎莎醬 P90
鮮蔬雞絲夾燒餅 P122
山藥雞胸肉丼 P130
雞胸漢堡排 P132
起司鮮蔬雞柳 P148
嫩雞潛艇堡 P156
紅蘿蔔
雞絲酸辣湯 P48
酸辣馬鈴薯絲 P52
黑胡椒嫩雞炒烏龍 P69
鹹水蒸雞丁 P100
雞絲拌米粉 P112
蒜香雞肉拉麵 P114
鮮蔬雞絲夾燒餅 P122
瓠瓜煎餅 P124
雞胸漢堡排 P132
銀耳雞肉羹 P136
起司鮮蔬雞柳 P148
嫩雞鮮蔬捲 P174
高麗菜捲 P188
清蒸白菜雞胸肉 P200
美生菜
果香雞肉烤柳橙 P86
香煎厚片雞肉 P94
湯泡雞胸 P99
嫩煎雞胸肉溫沙拉 P101
雞胸漢堡排 P132
自己壓三明治 P104
嫩雞潛艇堡 P156
泡煮嫩雞手捲 P172
嫩雞鮮蔬捲 P174
馬鈴薯雞肉沙拉 P176
水煮蛋沙拉 P182
茄子
辣醬蒸茄 P70
茄子焗烤雞胸肉 P134
芋泥雞肉末 P152
韭黃
韭黃炒雞絲 P44
香菇
黑胡椒雞柳 P41
雞肉筍絲燴飯 P62
和風嫩雞蒸蛋 P64
黑胡椒嫩雞炒烏龍 P69
果香雞肉烤柳橙 P86
鹹水蒸雞丁 P100
蒜香雞肉拉麵 P114

清蒸白菜雞胸肉 P200
茭白筍
韭黃炒雞絲 P44
雞肉筍絲燴飯 P62
馬鈴薯
酸辣馬鈴薯絲 P52
馬鈴薯煮雞丁 P144
南瓜雞肉咖哩飯 P146
馬鈴薯雞肉沙拉 P176
高麗菜
沙茶炒雞片 P50
黑胡椒嫩雞炒烏龍 P69
蒜香雞肉拉麵 P114
泡煮嫩雞手捲 P172
高麗菜捲 P188
蒜香奶油高麗菜捲 P190
瓠瓜
瓠瓜煎餅 P124
甜椒
豆豉蒸雞胸 P47
起司鮮蔬雞排 P92
嫩煎雞胸肉溫沙拉 P101
茄子焗烤雞胸肉 P134
南瓜雞肉咖哩飯 P146
雞胸肉凱薩溫沙拉 P158
絲瓜雞肉燉飯 P202
綠蘆筍
起司鮮蔬雞排 P92
蘆筍炒雞米 P95
山藥起司烤蛋 P116
起司雞肉春捲 P138
番茄
三色丼飯 P106
自己壓三明治 P104
嫩雞潛艇堡 P156
絲瓜
絲瓜雞肉盅 P58
絲瓜燴雞胸肉 P195
絲瓜雞肉燉飯 P202
白木耳
黑木耳炒雞片 P38
雞絲酸辣湯 P48
雞肉滷肉飯 P96
鹹水蒸雞丁 P100
滑菇拌飯醬 P126
銀耳雞肉羹 P136
酪梨
酪梨沙拉 P160
綠花椰菜
黑胡椒嫩雞炒烏龍 P69
綠花椰菜嫩雞暖沙拉 P108
雞胸肉凱薩溫沙拉 P158
歐姆風嫩雞滑蛋 P196
綠櫛瓜
香煎小里肌 P98
檸檬汁
番茄塔香炒雞丁 P36
雞肉暖莎莎醬 P90
綠花椰菜嫩雞暖沙拉 P108
嫩雞潛艇堡 P156
酪梨沙拉 P160
小黃瓜沙拉船 P166
泡煮嫩雞手捲 P172

嫩雞鮮蔬捲 P174
蘋果
脆皮雞肉春捲 P73
嫩雞鮮蔬捲 P174
優格雞肉蘇打餅乾 P110
香麻手撕雞 P180

─────── 辛香料 ───────

七味辣椒粉
綠花椰菜嫩雞暖沙拉 P108
蒜香雞肉拉麵 P114
山藥雞胸肉丼 P130
小黃瓜沙拉船 P166
泡煮嫩雞手捲 P172
五花肉捲小里肌 P186
九層塔
雞胸肉清湯 P42
鹹酥雞 P46
番茄塔香炒雞丁 P36
果香雞肉烤柳橙 P86
番茄雞肉義大利麵 P150
番茄雞肉盅 P194
五香粉
鹹酥雞 P46
皮蛋醬嫩白肉 P56
古早味洋蔥雞捲 P82
芝麻雞肉煎餅 P85
雞肉滷肉飯 P96
鹹水蒸雞丁 P100
雞絲拌米粉 P112
芋簽嫩雞煎粿 P137
月桂葉
番茄雞肉義大利麵 P150
匈牙利紅椒粉
咖哩雞肉水餃 P78
香煎厚片雞肉 P94
香煎小里肌 P98
南瓜雞肉咖哩飯 P146
香麻手撕雞 P180
孜然粉
香煎小里肌 P98
咖哩粉
咖哩炒雞柳 P34
香雞煎蛋捲 P72
南瓜雞肉咖哩飯 P146
咖哩塊
咖哩雞肉水餃 P78
花椒粉
宮保雞丁 P32
雞胸肉清湯 P42
麻婆雞丁 P54
芝麻雞肉煎餅 P85
蒸蛋佐香麻雞胸肉 P164
雞胸涼拌冬粉 P170
口水香雞絲 P178
香麻手撕雞 P180
香菜
茄汁雞肉丸 P40
豆豉蒸雞胸 P47
皮蛋醬嫩白肉 P56
和風嫩雞蒸蛋 P64
辣醬蒸茄 P70

鮮味雞肉羹 P74
玉米雞肉鍋貼 P76
古早味洋蔥雞捲 P82
雞肉暖莎莎醬 P90
雞肉滷肉飯 P96
湯泡雞胸 P99
鹹水蒸雞丁 P100
雞絲拌米粉 P112
鮮蔬雞絲夾燒餅 P122
銀耳雞肉羹 P136
芋簽嫩雞煎粿 P137
馬鈴薯煮雞丁 P144
雞胸涼拌冬粉 P170
口水香雞絲 P178
黑胡椒番茄蒸雞 P184
清蒸白菜雞胸肉 P200
香煎雞片豆腐 P204

剝皮辣椒
皮蛋醬嫩白肉 P56
玉米雞肉鍋貼 P76
剝皮辣椒豆皮 P80
雞肉暖莎莎醬 P90
瓠瓜煎餅 P124
起司鮮蔬雞柳 P148
酪梨沙拉 P160
口水香雞絲 P178

迷迭香
馬鈴薯雞肉沙拉 P176

乾辣椒
宮保雞丁 P32

黃芥末醬
果香雞肉烤柳橙 P86
自己壓三明治 P104
優格雞肉蘇打餅乾 P110
嫩雞潛艇堡 P156
雞胸肉凱薩溫沙拉 P158
泡煮嫩雞手捲 P172

義式綜合香料
茄汁雞肉丸 P40
雞肉蛋熱狗堡 P68
山藥起司烤蛋 P116
雞胸漢堡排 P132
茄子焗烤雞胸肉 P134
起司雞肉春捲 P138

綠辣椒
豆豉蒸雞胸 P47

辣油
蒸蛋佐香麻雞胸肉 P164
口水香雞絲 P178

辣椒
咖哩炒雞柳 P34
番茄塔香炒雞丁 P36
黑胡椒雞柳 P41
韭黃炒雞絲 P44
沙茶炒雞片 P50
皮蛋醬嫩白肉 P56
絲瓜雞肉盅 P58
炸雞柳 P59
雞肉筍絲燴飯 P62
脆皮雞肉餛飩 P75
剝皮辣椒豆皮 P80
雞肉暖莎莎醬 P90
蘆筍炒雞米 P95

黃瓜拌雞絲 P102
地瓜葉雞絲羹 P142
馬鈴薯煮雞丁 P144
雞胸涼拌冬粉 P170
嫩雞鮮蔬捲 P174
口水香雞絲 P178
香麻手撕雞 P180
雞胸肉蒸蛋白 P185
香蒜油炒雞絲 P198
香煎雞片豆腐 P204
雞絲炒飯 P208

蒜
宮保雞丁 P32
咖哩炒雞柳 P34
番茄塔香炒雞丁 P36
黑胡椒雞柳 P41
鹹酥雞 P46
豆豉蒸雞胸 P47
沙茶炒雞片 P50
酸辣馬鈴薯絲 P52
麻婆雞丁 P54
雞肉筍絲燴飯 P62
黑胡椒嫩雞炒烏龍 P69
辣醬蒸茄 P70
鮮味雞肉羹 P74
脆皮雞肉餛飩 P75
雞肉暖莎莎醬 P90
蘆筍炒雞米 P95
香煎小里肌 P98
黃瓜拌雞絲 P102
綠花椰菜嫩雞暖沙拉 P108
蒜香雞肉拉麵 P114
醬香雞絲冬粉 P120
鮮蔬雞絲夾燒餅 P122
茄子焗烤雞胸肉 P134
銀耳雞肉羹 P136
南瓜雞肉咖哩飯 P146
起司鮮蔬雞柳 P148
番茄雞肉義大利麵 P150
芋泥雞肉末 P152
雞胸肉凱薩溫沙拉 P158
蒸蛋佐香麻雞胸肉 P164
雞胸涼拌冬粉 P170
嫩雞鮮蔬捲 P174
香麻手撕雞 P180
黑胡椒番茄蒸雞 P184
蒜香奶油高麗菜捲 P190
番茄雞肉盅 P194
香蒜油炒雞絲 P198
絲瓜雞肉燉飯 P202
香煎雞片豆腐 P204

蔥
宮保雞丁 P32
咖哩炒雞柳 P34
雞絲酸辣湯 P48
酸辣馬鈴薯絲 P52
麻婆雞丁 P54
皮蛋雞片粥 P60
剝皮辣椒豆皮 P80
雞蓉玉米粥 P84
湯泡雞胸 P99
蒜香雞肉拉麵 P114
醬香雞絲冬粉 P120

瓠瓜煎餅 P124
滑菇拌飯醬 P126
豆腐嫩雞煎蛋 P128
山藥雞肉肉丼 P130
起司鮮蔬雞柳 P148
芋泥雞肉末 P152
蒸蛋佐香麻雞胸肉 P164
雞胸肉蒸蛋白 P185
五花肉捲小里肌 P186
香蒜油炒雞絲 P198
香煎鹹蛋糕 P199
台式酒蒸蛤蜊 P206
雞絲炒飯 P208
脆香雞肉茶泡飯 P210

薑黃粉
炸雞柳 P59
香煎厚片雞肉 P94
南瓜雞肉咖哩飯 P146

薑
番茄塔香炒雞丁 P36
黑木耳炒雞片 P38
雞胸肉清湯 P42
麻婆雞丁 P54
皮蛋醬嫩白肉 P56
絲瓜雞肉盅 P58
皮蛋雞片粥 P60
鮮味雞肉羹 P74
咖哩雞肉水餃 P78
雞蓉玉米粥 P84
果香雞肉烤柳橙 P86
湯泡雞胸 P99
鹹水蒸雞丁 P100
三色丼飯 P106
醬香雞絲冬粉 P120
滑菇拌飯醬 P126
地瓜葉雞絲羹 P142
五花肉捲小里肌 P186
高麗菜捲 P188
絲瓜清燴雞胸肉 P195
清蒸白菜雞胸肉 P200
香煎雞片豆腐 P204
台式酒蒸蛤蜊 P206
雞絲炒飯 P208

───── **米飯麵主食** ─────

天使細麵
番茄雞肉義大利麵 P150
台式春捲皮
起司雞肉春捲 P138
冬粉
醬香雞絲冬粉 P120
雞胸涼拌冬粉 P170
生米
皮蛋雞片粥 P60
生圓糯米
皮蛋雞片粥 P60
白飯
雞肉筍絲燴飯 P62
雞蓉玉米粥 P84
雞肉滷肉飯 P96
三色丼飯 P106
滑菇拌飯醬 P126

山藥雞胸肉丼 P130
南瓜雞肉咖哩飯 P146
雞肉飯 P162
三角飯糰 P168
絲瓜雞肉燉飯 P202
雞絲炒飯 P208
脆香雞肉茶泡飯 P210
吐司
自己壓三明治 P104
起司鮮蔬雞柳 P148
冷凍蔥油餅
蔥油餅加雞肉蛋 P140
法國麵包
嫩雞潛艇堡 P156
酪梨沙拉 P160
香蒜油炒雞絲 P198
春捲皮
脆皮雞肉春捲 P73
烏龍麵
黑胡椒嫩雞炒烏龍 P69
蒜香雞肉拉麵 P114
乾米粉
雞絲拌米粉 P112
越南春捲皮
嫩雞鮮蔬捲 P174
熱狗麵包
雞肉蛋熱狗堡 P68
燒餅
鮮蔬雞絲夾燒餅 P122

──── 其他 ────

小蘇打餅乾
優格雞肉蘇打餅乾 P110
五香豬肉乾
雞肉飯 P162
水餃皮
玉米雞肉鍋貼 P76
咖哩雞肉水餃 P78
牛肉乾
雞肉筍絲燴飯 P62
冬菜
鹹水蒸雞丁 P100
可樂果
雞胸肉凱薩溫沙拉 P158
玉米粉
咖哩炒雞柳 P34
雞蓉玉米粥 P84
玉米脆片
雞肉暖莎莎醬 P90
白芝麻
芝麻雞肉煎餅 P85
湯泡雞胸 P99
蒜香雞肉拉麵 P114
蔥油餅加雞肉蛋 P140
三角飯糰 P168
泡煮嫩雞手捲 P172
香煎鹹蛋糕 P199
地瓜粉
鹹酥雞 P46
豆豉蒸雞胸 P47
古早味洋蔥雞捲 P82
芋簽嫩雞煎粿 P137

肉鬆
香煎鹹蛋糕 P199
沙茶醬
沙茶炒雞片 P50
豆腐嫩雞煎蛋 P128
豆豉
豆豉蒸雞胸 P47
麻婆雞丁 P54
油條
皮蛋雞片粥 P60
湯泡雞胸 P99
油蔥酥
雞肉滷肉飯 P96
雞肉飯 P162
香煎鹹蛋糕 P199
芝麻醬
口水香雞絲 P178
金鉤蝦
絲瓜雞肉盅 P58
花生
皮蛋醬嫩白肉 P56
剝皮辣椒豆皮 P80
花枝漿
鮮味雞肉羹 P74
枸杞
黑木耳炒雞片 P38
絲瓜清燴雞胸肉 P195
美乃滋
香雞煎蛋捲 P72
自己壓三明治 P104
三色丼飯 P106
蔥油餅加雞肉蛋 P140
嫩雞潛艇堡 P156
雞胸肉凱薩溫沙拉 P158
小黃瓜沙拉船 P166
泡煮嫩雞手捲 P172
水煮蛋沙拉 P182
香鬆
香雞煎蛋捲 P72
脆香雞肉茶泡飯 P210
柴魚片
滑菇拌飯醬 P126
銀耳雞肉羹 P136
蔥油餅加雞肉蛋 P140
柴魚粉
湯泡雞胸 P99
海苔片
三角飯糰 P168
泡煮嫩雞手捲 P172
脆香雞肉茶泡飯 P210
乾香菇
高麗菜捲 P188
魚露
番茄塔香炒雞丁 P36
嫩雞鮮蔬捲 P174
番茄汁
茄汁雞肉丸 P40
番茄醬
黑胡椒雞柳 P41
雞肉蛋熱狗堡 P68
黑胡椒嫩雞炒烏龍 P69
起司鮮蔬雞排 P92
自己壓三明治 P104

鮮蔬雞絲夾燒餅 P122
雞胸漢堡排 P132
蔥油餅加雞肉蛋 P140
番茄雞肉義大利麵 P150
嫩雞潛艇堡 P156
歐姆風嫩雞滑蛋 P196
培根
脆皮雞肉餛飩 P75
德國香腸
山藥起司烤蛋 P116
蒜香奶油高麗菜捲 P190
絲瓜雞肉燉飯 P202
酥脆粉
炸雞柳 P59
蜂蜜
泡煮嫩雞手捲 P172
優格雞肉蘇打餅乾 P110
綠茶包
脆香雞肉茶泡飯 P210
蒜味花生
宮保雞丁 P32
口水香雞絲 P178
小黃瓜沙拉船 P166
絲瓜雞肉燉飯 P202
蒜酥
雞肉滷肉飯 P96
蜜汁肉乾
起司鮮蔬雞排 P92
優格雞肉蘇打餅乾 P110
水煮蛋沙拉 P182
山藥雞肉煎蛋 P192
辣豆瓣醬
麻婆雞丁 P54
三色丼飯 P106
醬雞絲冬粉 P120
辣豆腐乳
蒜香雞肉拉麵 P114
高麗菜捲 P188
醃梅
三角飯糰 P168
魷魚絲
雞絲酸辣湯 P48
清蒸白菜雞肉 P200
餛飩皮
脆皮雞肉餛飩 P75
糯米粉
皮蛋雞片粥 P60
麵包粉
果香雞肉烤柳橙 P86
雞胸漢堡排 P132
罐頭玉米粒
馬鈴薯煮雞丁 P144
罐頭肉醬
辣醬蒸茄 P70
罐頭鮪魚
皮蛋雞片粥 P60
雞胸肉凱薩溫沙拉 P158
小黃瓜沙拉船 P166
絲瓜清燴雞胸肉 P195

國家圖書館出版品預行編目資料

愛上雞胸肉的100道美味提案 / 周維民著. -- 初版. -- 臺北市 : 日日幸福事業有限公司出版 ; [新北市] : 聯合發行股份有限公司發行, 2021.03

面 ; 公分. -- (廚房 ; 108)
ISBN 978-986-99246-6-5(平裝)

1.肉類食譜 2.雞

427.221   110000889

廚房HAKI0108

愛上雞胸肉的100道美味提案

作　　者：周維民
藝人經紀：有魚娛樂
總 編 輯：鄭淑娟
行銷主任：邱秀珊
編　　輯：歐子玲
攝　　影：蕭維剛
內文設計：菩薩蠻電腦科技有限公司
封面設計：許丁文
編輯總監：曹馥蘭
商品贊助：空姐雨來菇沁園生態農場
　　　　　喜睿生技有限公司
　　　　　皇冠金屬工業股份有限公司（THERMOS 膳魔師）

出 版 者：日日幸福事業有限公司
電　　話：（02）2368-2956
傳　　真：（02）2368-1069
地　　址：106台北市和平東路一段10號12樓之1
郵撥帳號：50263812
戶　　名：日日幸福事業有限公司
法律顧問：王至德律師
電　　話：（02）2341-5833

發　　行：聯合發行股份有限公司
電　　話：（02）2917-8022
製　　版：中茂分色製版印刷股份有限公司
電　　話：（02）2225-2627
初版六刷：2021年12月
定　　價：420元

版權所有　翻印必究
※本書如有缺頁、破損、裝訂錯誤，請寄回本公司更換。

風味獨特

純手工精心炒製古法
配飯、拌菜、開胃小菜最佳首選

宏嘉健康廚坊
Health & Love

喜睿生技有限公司
彰化縣員林市員水路一段131號1樓
訂購專線：0966296233

www.7888.com.tw
Line ID：@frg1886a

THERMOS.

MASA x THERMOS.

🍴 不沾食間 🍴

不佔時間

超人氣日籍主廚 MASA

更多不沾鍋商品資訊

🍴 歡迎來到膳魔師的不沾食間　做食間的主人 🍴

PLASMA

商品特色

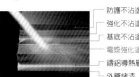

- 防護不沾塗層
- 強化不沾塗層
- 基底不沾塗層
- 電漿強化塗層
- 鑄鋁導熱層
- 外層烤漆

電漿塗層 技術升級　　17000℃　密著力UP

美味料理輕鬆做

不挑爐具 適用電爐　　強化不沾 好煎好洗

CROWN

THERMOS® 膳魔師台灣區總代理
皇冠金屬工業股份有限公司

消費者服務專線：0800-251-030
膳魔師官方網站：www.thermos.com.tw
膳魔師官方粉絲團：www.facebook.com.tw/thermos.tw

THERMOS 膳魔師
官方網站

THERMOS 膳魔師
官方粉絲團

手機掃描 QR CODE　　手機掃描 QR CODE

NOSTOC COMMUNE

空姐雨來菇

人工除草

手工採集

產量稀少

彌足珍貴

生態農場坐落在國境之南－屏東。榮獲行政院農委會百大青農，有機驗證，堅持田區獨立，好水質，無污染的種植環境，孕育優質的雨來菇。

清真認證的九次藻麵通過食品安全雙驗證ISO22000與HACCP，並榮獲銀髮友善食品銀膳獎。

粉絲專頁　　創意料理

空姐雨來菇沁園生態農場・行政院農委會百大青年農民

陸生藍綠藻

"
雨來菇
不是菇
"

雨來菇又稱為情人的眼淚，學名陸生藍綠藻Nostoc commune是真正的地球原生種。雨來菇含有豐富的營養含量，鈣質約為木耳的46倍。鐵質約為葡萄的48倍。維生素B12，雨來菇每100公克有3.43微克，高於成人建議的一日攝取量2.4微克，更成為素食者養分攝取的聖品之一。

雨來菇的營養含量會因為緯度風土的不同而有落差，以恆春半島產出的雨來菇營養含量最為豐富！

絕 無 添 加 防 腐 劑 、 人 工 色 素 及 人 工 添 加 。

農事體驗預約專線　08-8883422　0932-351-571　DIY手作地址　屏東縣牡丹鄉牡丹路249-6號

THERMOS®

一起分享桌上的幸福

為餐桌幸福加溫 晚歸的家人也能隨時喝到熱湯！

膳魔師桌上型迷你保溫鍋 1L   KJC-1000-MC / TOM   定價：2,500元

US304不銹鋼
真空斷熱層
（剖面圖）

雙層真空斷熱
保溫保冰 堅固耐用

SUS304不銹鋼
鍋內無塗層 安心健康

12cm大口徑
料理便利 清洗方便

膳魔師桌上型迷你保溫鍋 還可以這麼方便！

湯品保溫

溫水泡發

隔水加溫

聚會冰桶

燜製高湯

HERMOS® 膳魔師台灣區總代理
皇冠金屬工業股份有限公司

消費者服務專線：0800-251-030
膳魔師官方網站：www.thermos.com.tw
膳魔師官方粉絲團：www.facebook.com.tw/thermos.tw

THERMOS 膳魔師
官方網站

THERMOS 膳魔師
官方粉絲團

手機掃描 QR CODE   手機掃描 QR CODE

好禮大相送都在 日日幸福！

只要填好讀者回函卡寄回本公司（直接投郵），您就有機會獲得以下大獎。

1 THERMOS 膳魔師 新一代蘋果
原味鍋雙耳湯鍋（20cm）
市價7,000元，共2名

2 THERMOS 膳魔師 電漿強化
單柄平底鍋（20cm）
市價2,600元，共3名

3 THERMOS 膳魔師 桌上迷你保溫鍋（1L）
市價2,500元，共3名

4 宏嘉雞蓉醬3入組
市價1,230元，共3名

5 ───────────
沁園雨來菇九次藻麵4盒組
市價1,120元，共3名

參·加·辦·法

只要購買《愛上雞胸肉的100道美味提案》，填妥書裡「讀者回函卡」
（免貼郵票）於2021年6月25日前（郵戳為憑）寄回【日日幸福】，本
公司將抽出共14位幸運的讀者，得獎名單將於2021年7月5日公布在：
日日幸福粉絲團：https://www.facebook.com/happinessalwaystw

◎以上獎項，非常感謝空姐雨來菇沁園生態農場、喜睿生技有限公司、
皇冠金屬工業股份有限公司（THERMOS 膳魔師）大方熱情贊助。

請沿虛線剪下，黏貼好後，直接投入郵筒寄回。

廣　告　回　信

台灣北區郵政管理局登記證

第　0　0　4　5　0　6　號

請直接投郵，郵資由本公司負擔

10643

台北市大安區和平東路一段10號12樓之1

日日幸福事業有限公司　收

書名｜愛上雞胸肉的100道美味提案　　　書系｜饗瘦生活　　　書號｜HAK10108

讀 者 回 函 卡

感謝您購買本公司出版的書籍,您的建議就是本公司前進的原動力。請撥冗填寫此卡,我們將不定期提供您最新的出版訊息與優惠活動。

▶ ──────────────────────────────────

姓名: _____   性別:□ 男 □ 女   出生年月日:民國____年____月____日

E-mail: _____

地址:□□□□□ _____

電話: _____   手機: _____   傳真: _____

職業:□ 學生　　　　□ 生產、製造　　□ 金融、商業　　□ 傳播、廣告
　　　□ 軍人、公務　□ 教育、文化　　□ 旅遊、運輸　　□ 醫療、保健
　　　□ 仲介、服務　□ 自由、家管　　□ 其他

▶ ──────────────────────────────────

1. 您如何購買本書?□ 一般書店(　　　　書店)　□ 網路書店(　　　　書店)
　　　□ 大賣場或量販店(　　　　)　□ 郵購　□ 其他

2. 您從何處知道本書?□ 一般書店(　　　　書店)　□ 網路書店(　　　　書店)
　　　□ 大賣場或量販店(　　　　)　□ 報章雜誌　□ 廣播電視
　　　□ 作者部落格或臉書　□ 朋友推薦　□ 其他

3. 您通常以何種方式購書(可複選)?□ 逛書店　□ 逛大賣場或量販店　□ 網路　□ 郵購
　　　　　　　　　　　□ 信用卡傳真　□ 其他

4. 您購買本書的原因?　□ 喜歡作者　□ 對內容感興趣　□ 工作需要　□ 其他

5. 您對本書的內容?　□ 非常滿意　□ 滿意　□ 尚可　□ 待改進 _____

6. 您對本書的版面編排?　□ 非常滿意　□ 滿意　□ 尚可　□ 待改進 _____

7. 您對本書的印刷?　□ 非常滿意　□ 滿意　□ 尚可　□ 待改進 _____

8. 您對本書的定價?　□ 非常滿意　□ 滿意　□ 尚可　□ 太貴

9. 您的閱讀習慣:(可複選)　□ 生活風格　□ 休閒旅遊　□ 健康醫療　□ 美容造型　□ 兩性
　　　　　　　　　□ 文史哲　□ 藝術設計　□ 百科　□ 圖鑑　□ 其他

10. 您是否願意加入日日幸福的臉書(Facebook)?　□ 願意　□ 不願意　□ 沒有臉書

11. 您對本書或本公司的建議: _____

_____

_____

_____

註:本讀者回函卡傳真與影印皆無效,資料未填完整即喪失抽獎資格。